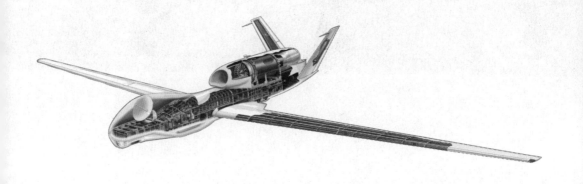

美军无人机大全

西风 编著

中国市场出版社
China Market Press

图书在版编目（CIP）数据

美军无人机大全 / 西风编著．—北京：中国市场出版社，
2013.5

ISBN 978-7-5092-1054-3

Ⅰ．①美…　Ⅱ．①西…　Ⅲ．①无人驾驶飞机－介绍－美国
Ⅳ．①V279

中国版本图书馆CIP数据核字（2013）第077305号

书　　名：美军无人机大全

作　　者：西　风

责任编辑：郭　佳

出片发行：中国市场出版社

地　　址：北京市西城区月坛北小街2号院3号楼（100837）

电　　话：编辑部（010）　　　读者服务部（010）68022950

　　　　　发行部（010）68021338　68020340　68053489

　　　　　　　　　　68024335　68033577　68033539

经　　销：新华书店

印　　刷：北京九歌天成印刷有限公司

规　　格：710×1000毫米　　1/16　　13印张　　213千字

版　　本：2013年5月第1版

印　　次：2013年5月第1次印刷

书　　号：ISBN 978-7-5092-1054-3

定　　价：58.00元

目录 Contents

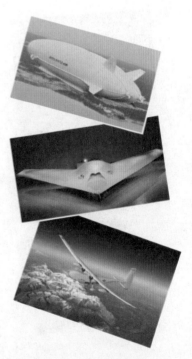

目录 Contents /04

I 前 言
Introduction

　　本本书中将尽可能全面地收录美国曾经开发、现役或正处于开发中的大型军事无人飞行器（飞行器全重50千克以上）。此外，为力求全面，在叙述中也包括一些各国军方正在使用或近期使用的小型无人飞行器。一些较不常见的飞行器开发项目、样机，具有历史意义的、引领潮流的无人飞行器也包括在其中。在介绍各国所开发的不计其数的无人飞行器时，读者可能会发现，很多现在的无人飞行器在外形上很难与以往的飞行器（三四十年前曾部署过的）相区别开来，然而，仔细考察会

▲ RQ-7"阴影"无人机。

发现两者之间存在着非常重要的差别，这种差别更多地在于其内部配置、控制系统以及传感器。例如，美国陆军早期使用侦察无人机，它们搭载着胶片相机，须返回基地后才能获取侦察信息。但现在其装备的无人飞行器，在完成相同的侦察任务后则通过数据链实时地将侦察所得发送回后方。类似地，现在所使用的全数字式飞行控制系统，与几十年前无人机所采用的模拟控制系统也存在着本质的区别：前者可以自行决定飞行器如何飞行到达指定路径点或目标区域，即使飞行途中有强风或其他影响，还是能自动控制飞行器完成起飞、着陆这样的复杂操作；而后者则更像是自动驾驶仪，它们缺乏对飞行途中出现的种种复杂情况作出判断和选择的能力。

在选择本书收录的无人飞行器时，也排除了很大一部分无人靶机，虽然这其中很多后来也被改装成无人飞行器（在介绍各国别的无人

▲ D-21 高速侦查无人机。

飞行器时，涉及此类靶机的也有所描述）。

为了简明起见，本书也排除了很多现在正在开发（或已完成开发）、但未进入军方服役（很多这样的飞行器也不太可能被军方采纳）的小型、微型和纳米级的无人飞行器。这类数量极众的轻型飞行器之所以不被当做是军用飞行器，主要是就尺寸和功能而言，这些飞行器的成本通常非常低（续航时间也较短，性能较弱），很多与模型飞行器的差别并不明显。正是由于无人飞行器在过去数十年里所表现出的惊人的发展势头，很多国家竭力进入这一新兴领域，并努力在竞争日益激烈的世界无人系统市场发展壮大。其中，最明显的例子就是英国。英国政府和企业界似乎已决意要打造具有世界领先地位的无人机工业，一些英国人士甚至认为未来军用航空业将属于无人系统而非现在的有人驾驶飞机。考虑到此前英国军用航空工业逐渐衰退和萎缩，很多航空器项目都进行泛欧开发和制造，这一决定的意义更显重大。从某种意义上说，认为无人飞行器领域是一个低门槛的工业领域完全是毫不现实的幻象，因为无人系统真正的成本和价值并不在于飞行器本身，而在于其搭载的传感器组件、其飞行控制系统以及与地面控制站或其他平台的传输数据链。在本书记录的无人系统中，有些飞行器的地面控制系统是标准化的、通用的，但另一些飞行器则并未采用这样的控制理念。此外，由于书中很多无人飞行器都是近几年开发出的新型系统，其设计概念、实用经验都未经实战考验，而且不少涉及各国军事机密，因此存在着资料缺乏、无法详细叙述的情况。

另外，还要注意的是，本书也未收录那些徘徊攻击导弹，例如美国的N-LOS导弹、战术"战斧"导弹等，尽管这些飞行器也搭载着一次性使用的侦察监视设备，但也正是考虑到它们一次性使用的特点以及避免收录的飞行器类别、数量过于庞杂，才有这样的决定。事实上，无人空中作战飞行器（UCAV）与这类徘徊式导弹之间的分类界限本就模糊不清，也有的国家认为未来可能开发的电磁武器（如非核的电磁脉冲弹，EMP）应该归类于广义上的无人飞行器。因为在理论上说，这类电磁武器的杀伤效应可能也会波及发射它们的载机，它们除了利用巡航导弹或一次性使用的无人飞行器进行搭载外，别无他途。因此尽管运输它们的载机也可能能够回收，但此类无人机和巡航导弹之间的差别并不明确。有时，无人飞行器也用作电磁干扰设备的载机，在这种情况下，如果它们因敌方的干扰源攻击武器而被击毁，那么即使载机能够回收，谁又能明确地把它们归类为无人飞行器抑或巡

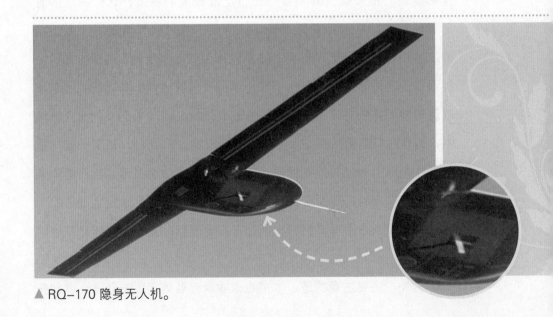

▲ RQ-170 隐身无人机。

航导弹呢？

　　还要注意的是，现在美国军方对各类纳米级无人飞行器抱有浓厚的兴趣，也许利用它们可以组成一支庞大的平台集群，在一些开发实例中，它们的尺寸和体型更堪比小鸟或昆虫，可以渗透进建筑物遂行大型平台无法完成的任务，但考虑到这类飞行器数量日益增多且很多开发项目因涉及各国军方的保密项目，因此只在本书中选取几种较有代表性的实例。

　　在本书中提及的飞行器尺寸和重量都采用公制单位，航程及速度以千米和千米/时表示；涉及飞行器重量的数量如未特别指明，通常是其最大起飞重量。

　　在无人飞行器（UAV）诞生的初期，也就是20世纪越南战争中后期，它们常被称为"无人机"（Drone）或是"遥控驾驶飞机"（Remotely Piloted Vehicle，RPV）。最后这个缩略语可能最早应用于美国在越南中使用最为广泛的"火蜂"（Fire Bee）无人机，而且当时空军也更喜欢这样称呼这类新出现的空中飞行器。经历几十年的发展后，目前这类飞行器统称为"无人飞行器"或"UAV"。改变的并非只是名称，更意味着这类飞行器的自主程度、智能化水平与以往相比，已有了很大提高（虽然在越南战争期间，遥控驾驶飞机也能在没有控制人员的干预下飞行数百千米）。

　　而且，现在网络化的战场环境也意味着无人飞行器可通过数据链实时地将其获取的信息传输到网络中任何指定的平台或终端。为了获得足够的数据带宽或容量，数据链必须借助高频电磁信号，这反过来又限制了信号的传输距离。对于一架飞行在3000米空中的飞行器来说，这意味着它的数据链传输距离只有约210千米。远程无人飞行器，如"全球鹰"系统因此必须借助卫星数据链（其机首部位和飞行员座舱大小类似的卫星天线用于完成连接卫星与飞行器）才能完成信息的实时传输。也正因如此，现在很多无人系统仍需采用传统的胶片或其他传感器信息记录载体，待返回基地后才能获得侦察信息。

20世纪70年代，美国成功地在越南战争中大量使用无人系统，也推进了这一进展，至少70年代中期在美国，这类飞行器（无人机或称遥控驾驶飞机）表现出了未来可能排挤有人驾驶战机的趋势。越南战争期间，美国有人驾驶飞机损失惨重，当时就有人判断无人机将在可预见的将来取代有人战机。然而，战后随着隐形技术的出现和普及，以及防区外弹药的发展，似乎推翻了上述判断，这也使1991年海湾战争期间，有人战机再次以极高的生存率重新主宰空中战场。正因如此，海湾战争后各国青睐无人系统更多的是看中其所具有的有人战机所无法比拟的特点，比如数量（有人战机越来越昂贵使采购量越来越少）、持续存在于战场上的能力（无视飞行员疲劳）；而现在，对高性能无人空中作战系统的追逐，则意味着人们又开始重新审视用无人飞行器整体替代有人战机的可能性了。

美军大多数无人飞行器用于进行战术侦察监（RQ-1）、电子攻击与侦察（"火峰"）、战略侦察（"全球鹰"）、战场监视与火炮侦测（"猎鹰者"）以及猎杀攻击任务（MQ-1）等。另外，美国海军还计划用新型的无人机代替舰载有人飞机，以降低引起事故的安全问题。

近些年来，美军除了现在的这些飞行器外，还有一些在未来可能会开发成功且非常重要的无人飞行器，比如美国现在就有很多概念性的开发项目。在大型飞行器方面，国防部先进研究项目局（DARPA）已显示出对超长航时大型无人飞行器的兴趣，比如能连续滞空4～5年之久无须落地的轻重量太阳能飞行器；另一类则是大型无人软式飞艇，它们能搭载大型的相控阵雷达，危机时将其部署到战场上空受到严密保护的空域，利用其监视战场上敌方力量的活动（特别是战区弹道导弹）。昼间雷达及其动力设备将使用飞艇表面的太阳能电池提供的能源（富余能源则以某种形式储存起来），夜间则使用昼间被储存的富余能源，实现全天24小时的不间断部署。这类搭载雷达阵列的大型飞艇已于2010年完成试飞，而这样一个平台真正投入使用后，就能提供本书开篇所提到的种种战术态势信息，而这亦正是无人空中作战系统所必须依赖的。

如果说第一次海湾战争只是现代无人空中系统运用于战争的预演

▲"大乌鸦"无人机，可以由单兵投掷发射。

的话，那么1999年巴尔干危机则使其正式登上了战争舞台。期间，由无人机提供了较大比例的战场侦察情报。由于种种原因北约所损失的无人飞行器中，美国共损失17架（"掠食者"3架、"猎手"9架、"先锋"4架、1架型号不明），德国损失7架（可能是CL-289），法国损失5架（3架"红隼"、2架CL-289），英国14架（"凤凰"），以及其他国家损失4架。在所有这些损失的无人飞行器中，28架在作战中遭敌火袭击而坠毁，另19架则因天气原因、机械故障等因素而失踪。其中，CL-289是一种标准的典型无人机（与越南时的"火蜂"类似），它采用任务前预先编写的飞行程序，到达指定地点后拍照后并返回。对于美国来说，2003年"自由伊拉克"行动更是前有未有地大规模采用无人机进行的战争，期间美国共投入9种型号的无人系统["全球鹰"、"掠食者"、"银狐"、"先锋"、"龙眼"、"阴影200"、"部队防护机载监视系统"（FPASS）、"指示器"和"猎手"无人系统]。从2003年初战争开始到当年5月12日，"全球鹰"飞行器共出击16架次（总飞行时数357小时），发现并定位SAM防空导弹单位13个、防空导弹发射装置50具、伊军坦克装甲车辆300余辆（约占其装甲部队的38%）以及300余个其他军事目标；在同一时间段，"掠食者"飞行器出击93架次（完成1354飞行时数），"猎手"飞行器出击190架次（到5月22日前），"阴影200"飞行器出击172架次（完成688飞行时数），"先锋"飞行器出击388架次（到6月4日前，飞行时数总共达到1344小时）。而在阿富汗战争期间，无人机的侦查和打击能力更是成为打击基地组织的重要角色。

在最近的几次地区冲突中，尤其是第二次海湾战争和阿富汗战争，美军的无人机大出风头，相信在之后的冲突中，美军的无人机发展和使用会越发成熟，无人机也将成为美军未来军队建设和新战术体系的重要组成部分。

另外，在本书中介绍的各类美军无人飞行器中，将首先列举获得美国军方无人机"Q"序列编号的飞行器，也就是现役的和已经列入美国军方采购计划的无人机；其次是两种官方认可的验证型项目飞行器，它们被军方赋予了代表试验型号的"X"序列编号（X-47B、MQ-X）；最后所列出的则是未取得当前"Q"序列编号的飞行器（以字母顺序排序）。

1 >> 美军无人机的发展

　　在很大程度上，由于美国在伊、阿以及全球反恐战场上广泛地使用无人系统对抗恐怖分子，美国现在已成为全球最大的无人飞行器使用国，其开发中的项目和配备的无人系统数量远超其他国家。事实上，美国无人机开发、使用的经验虽较为悠久，但在越南战争后这种优势就逐渐被其他国家所赶超，甚至在1991年海湾战争期间，美国海军还不得不使用以色列的"先锋"无人机，这可能也是此类飞行器首次搭载实时数据链投入实战。实际上，据称美国海军陆战队更早就采用了以色列生产的这款无人系统，在1983年贝鲁特爆炸案后（当时恐

"西风"太阳能无人飞行器。（奎奈蒂克公司）

怖分子驾驶自杀式卡车撞进美国驻贝鲁特的陆战队兵营后引爆，导致重大人员伤亡），陆战队就采购了"先锋"无人系统，用于侦察和监视。后来，在海军陆战队司令 P.X. 凯利将军访问以色列期间，以方向其展示了无人机拍摄的关于他在特拉维夫街头步行时的图像，凯利大为震惊，他也想使其部队具备这种能力。之后在 1984 年 3 月，以色列又向美国海军演示了其装备的"驯犬"无人系统的性能，并将其降落到海军两栖攻击舰"关岛"号上。而当年 9 月，陆战队已在其驻北卡州勒热讷（Lejeune）兵营配备了这种无人系统。与此同时，美国海军部长约翰·F.莱曼公布了一项无人系统采购项目，他需要更快、航程更远、续航能力更强，以及配备较为安全的通信数据链的无人空中系统。项目竞标于 1985 年 8 月公布，最终合同被马扎拉特公司（后来的以色列 IAI 公司）与美国 AAI 公司组成的团队夺得。上文中提及的"先锋"无人系统实际是以色列"侦察兵"无人系统的改进型，于 1986 年投入量产。

最初，美国军方在为无人系统编写军用编号时，采用的是导弹序列的编号模式，即以"M"打头，之前再加上前缀"Q"，这一做法有其历史。之前，美军为无人系统采用"Q"的前缀，是为标示一些由有人战机改装而成的无人机，例如，QF-4 就是一种由 F-4 战机改装的无人系统。1997 年，军方深感未来无人系统将越来越多，原有使用加"Q"前缀的办法已不能满足需要，故将"Q"前缀独立出来，成为无人系统的专用序列编号字母。对于各种用途不同的无人机，则采用类似加前缀的方法来区分，比如"R"前缀意为"侦察"；"M"前缀意为"多用途"，即既可进行作战也可用于侦察。

20 世纪 80 年代中期，军方重新意识到了无人系统的重要性，便在沉寂十多年后重启了不少开发项目。但在一些项目经历了反复的拖延和巨额超支后，1987 年美国国会通过了冻结所有无人飞行器和遥控驾驶飞机项目资金的提案，使得当时三军联合进行的无人机开发项目暂时中止（其中，陆军的"天鹰座"计划也受到波及）。直至 1988 年 6 月，国防部才提交一份为期 7 年、金额高达 23 亿美元的无人系统开发总体规划，规划中将无人系统分为四类：近距离、短程、中程和远程无人系统，其中近距离无人系统被定义为 50 千米以内，短程为 200 千米。国防部将这一规划交由海军空中系统司令部（NASC）下属的联合项目办公室（JPO）管理，项目资金来源则直接由国防部长拨出。后来，规划中的近距离和短程系统被合而为一，并又增加了舰载无人系统的分类。后来美军装备的 RQ-5 型"猎手"（Hunter）无人系统即源自这一规划，此外，还有 RQ-6 型"警卫"（OutRider）无人系统也同样出自于此，而且当时

▲ 1974 年 4 月 1 日，"罗盘斗篷" R 型飞行器发布。（泰勒·雷恩，现诺斯罗普·格鲁曼公司）

▲ USD-5 "鱼鹰" 无人机。（美国陆军）

美国陆军和海军陆战队在较短时期内同时采购了这种无人系统。考虑到 RQ-6 系统是根据 "先进概念技术演示" 项目开发出来的，而国防部对于这类标准的两个军种都有需要的采购项目总是要采取竞标的方式来选择防务提供商，对于无人系统的竞标安排在 1999 年 12 月。当时陆军和陆战队对所需战术无人系统的要求完全不同，最后两军种却采用了同一种无人系统，这在以往是从未有过的。对于此次陆军和陆战队同时采购了 RQ-6 无人系统，直接导致五角大楼成立了联合需求监督委员会（JROC），用以审批各个军种的装备采购。在陆军方面，这使得当时 RQ-7 "阴影"（Shadow）无人系统加速开发，也就是目前的旅级无人飞行器。

1994年，与国家侦察办公室（NRO）功能相似的空中防御侦察组织（DARO）开始组建，前者主要负责空间侦察，后者则致力于管理广域内的有人及无人空中侦察系统。该机构成立后，接管了早期联合项目办公室（JPO）的大多数权力。

2009年，美国国防部先进研究项目局（DARPA）启动了一项开发新型机载能源的计划，以便于使高空长航时的重型无人系统具有更强的续航能力。2009年3月，DARPA与科罗拉多州Eltron研究开发公司签订研发合同，由后者开发一种金属氢化物以便能高密度地储存能量。先进研究项目局更喜欢在稀薄、低温大气环境下能长期储存能量的解决方案。Eltron公司设计了一种燃料电池，它由金属氢化物构成，既能用做燃料源，也可当做燃料电池的阳极。

一直以来，美国空军就热衷于开发各类无人飞行器，近年来这种兴趣更加浓厚。1983年，空军就要求波音开发一种多用途的无人系统，并与该公司签订了开发合同。这就是"波音机器人空中飞行器"（BRAVE 200）项目的由来，项目旨在开发一种类似后来"哈比"无人机的徘徊式反雷达导弹，同时它也可用做电子设施的持续性干扰源。1983—1984年，波音公司研究并制造了14架样机，并进行了试验飞行。但1984年底，该项目被取消，同时已取得的研究成果和生产出的样机被空军接收，空军赋予了其军用编号，即YQM-121A型"铺路虎"（Pave Tiger）。该飞行器性能参数具体为：翼展2.57米、机身长2.12米，全重120千克（发射时），动力系统采用一部28马力的活塞式内燃机，由其驱动螺旋桨推进器。1987年，空军重启了这一徘徊式反雷达无人飞行器项目，将其作为 YQM-121B 型 "搜寻旋转球"（Seek Spinner）继续开发。同时，将原 "铺路虎" 所具备的电子干扰阻塞功能剥离出来，命名为新的 CEM-138 型干扰阻塞飞行器。后两种飞行器重量约 200 千克，机体结构采用飞翼式设计，其主翼翼尖处上翘后作为垂直安定面。然而，好景不长，两个被复活的项目于 1988—1989 年再次被下马，据推测原因可能是国会不满军方无人系统开发的低效，而冻结了所有的无人系统开发项目。

2000 年以后，美国陆军为更便于全球部署，急欲构建带有转型色彩的轻量化的 "未来战斗系统"（FCS），这一系统更强调对战场信息的收集与应用，因此对各类用于情报及态势感知用途的无人飞行器也就青睐有加了。在经过冗长的投招标后，波音 / 科学应用国际公司（SAIC）公司获得了总体的 FCS 开发合同，两家主承包企业又选择

▲ 无线电飞机公司生产的 "猎鹰者"，是美国配备的第一种无人侦察机。图中这架称为 SD-1 的 "猎鹰者" 早期型号拍摄于 1959 年 1 月。目前无线电飞机公司已成为诺斯罗普·格鲁曼公司的文图拉分部。（美国陆军）

了一些企业开发 FCS 系统所要求的不同级别的无人飞行器。通过大量配置 FCS 系统，陆军将完成冷战后最重要的一次重组和转型，重组之后，陆军将构建以旅级战斗部队为主的新型武装力量。在整个转型构想中，陆军将无人机区分为几类，每个新的陆军战斗编组将配备 200余架各类无人飞行器，其中包括 108 架一类无人飞行器、36 架二类无人飞行器、48 架三类 / 四类（A/B）无人飞行器。一类无人飞行器也称为排级飞行器（航程约 16 千米、0.453 千克负载、续航时间约90 分钟）；二类无人飞行器称为连级组织无人飞行器（航程约 30 千米、4.536 千克负载、续航时间约 5 小时、实用升限约 300 米），后来，二类飞行器指标又被重新调整为续航时间约 2 小时、航程达 10千米、飞行器总重约 50.80 千克；三类无人飞行器称为营级无人飞行器；四类则是旅级（师级）无人飞行器（四类无人飞行器又分为两种，其中 A 型为旅级，B 型为师 / 军级）。由于篇幅所限，本书中只收录 FCS 系统中三类和四类无人飞行器。上述陆军规划的分类中，一类和二类无人飞行器由于任务区域高度重叠，其功能和任务范围无法区分。

2006 年 5 月末，FCS 系统中的无人飞行器开发第一阶段（共 12种系统）的系统开发演示（SDC）合同交由杭尼韦尔（Honeywell）公司负责，此无人系统主要是手持投掷发射的微型无人系统，而二类无人飞行器则采用涵首风扇结构的垂直起降飞行器。但在 2006年，二类无人飞行器的预算被国会以严重超支为由而从 2008 财年中削减。

2005 年 8 月，波音 / 科学应用国际公司（SAIC）选择三种备

选机型用于对三类无人系统进行挑选：皮尔斯基（Pieseki）公司的
"空中卫兵"（Air Guard）、AAI 公司的"阴影 II"以及"勘探者"
（Prospector）（"勘探者"是德国 KZO 无人飞行器在美授权生产型
号）。但不幸的是，与二类无人飞行器类似，三类飞行器的预算也在
2006 年被国会削减，甚至连系统开发演示的机型都未选择。而之前，
陆军曾反复强调二类及三类无人飞行器是其类似系统中最为优先的
项目。

早在 2003 年 5 月，陆军就从通用原子（GA）公司采购了三
架"蚊蚋"式无人飞行器，用于验证军方未来对无人机的性能需求。
2004 年，这三架飞行器部署到伊拉克战场，正是通过这次试用，陆
军正式将原来构想的第四类飞行器区分为两类，其中 A 型仍保留原
先的定义，B 型则被定义为"扩展航程多用途无人飞行器"（ERMP-
UAV）。为挑选合适的第四类 B 型无人系统，陆军选择了两家竞标的工
业团队，由其提供产品进行竞争：通用原子 /AAI 公司开发了改进型
"掠食者"（亦称"武士"）；诺斯罗普·格鲁曼公司则将以色列"苍

▲"I- 蚊蚋 750"无人侦察飞行器。（通用原子公司）

鹭"无人系统改进为"猎手 II"参与投标。最终，2006 年 8 月 8 日，通用原子 /AAI 公司的方案被选中，也就是后来美军装备的"掠食者"型无人侦察攻击机。

在选择第四类 A 型无人系统方面，"火力侦察兵"（Fire Scout）无人系统最终击败了波音公司的 AH–6 系统及贝尔公司的 407X 系统（后来，407B 系统赢得了无人武装侦察直升机的竞标）。"火力侦察兵"原本在一项海军开发项目下进行，陆军看中其性能，将其挑选为 FCS 系统中的无人机型。但后来，2010 年 2 月，陆军也因预算问题，终止了第四类无人飞行器的项目。

美国武装力量 21 世纪初的变革同样也影响了海军陆战队。作为最有可能在事态爆发后就进行全球部署的精锐力量，海军陆战队从人员规模、力量结构等方面规划了三种任务特遣部队，分别是陆战队远征群（MEU）、陆战队远征旅（MEB）以及陆战队远征军（MEF），这三种部队编组大致对应陆军的营级、旅级和师级战斗部队。2003 年，陆战队开始考虑为每一级编组部队配备相应的无人空中系统，其项目代号为"蒂尔"（Tier），每一级编组部队根据其任务需求分别对应一种"蒂尔"的无人系统项目，即三种力量结构分别配备"蒂尔"I、II、III 型无人飞行器。在 2005 年时，陆战队配备的"蒂尔 I"采用了手持式的"龙眼"（DragonEye）飞行器，它主要由陆战队营级部队使用，可为其下属的连、排级部队提供作战支援。同在 2005 年，为达到陆战队使用需要，该飞行器经过特别改装，加装了战术通信中继负载，这是因为陆战队惯常在城市等复杂环境下作战，这种战场条件使连、排配备的无线设备因复杂地形而传输距离大减，使用具有中继能力的"龙眼"后，便能解决这一问题。2006年，陆战队希望与陆军和特种作战司令部联合进行无人系统开发，以便获得性能更优良的"蒂尔I"系统。陆战队将其性能指标修正为航程10千米，在90～150米低空飞行时具备昼夜成像能力，以便陆战队探测、分类及识别人体大小的目标。

"蒂尔II"主要用于旅级陆战部队，同时也用来填补在"自由伊拉克"行动中暴露出的旅级部队缺乏有效情报、侦察和监视能力的缺陷。陆战队要求这类短程战术无人飞行器续航时间需在12小时左右，使用高度约3660米。过渡期的"蒂尔II"飞行器将由微型的"扫描鹰"来充任。2005年陆战队想尽快找到"蒂尔II"飞行器的解决方案，并要求新的"蒂尔II"具有低可探测性能、易于运输，并可上舰使用。除了基本的电光/

▲ RQ-4"全球鹰"战略无人侦察机是目前最先进的高空长航时飞行器，由于航程较远，它在飞行途中需要卫星数据链来中继传输获取的信息，其卫星天线配置于机首上方隆起的整流罩内。（诺斯罗普·格鲁曼公司）

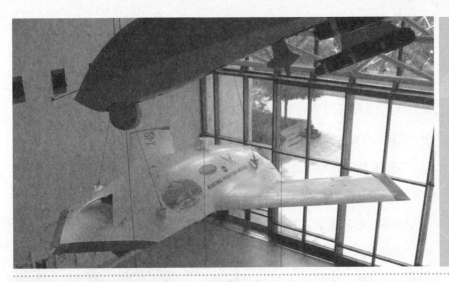

▲ 波音 X-45A 飞行器曾成功地在试验飞行中投下了炸弹，该机型曾被认为将是空军的无人空中作战飞行器，但空军最终放弃了这一项目。后来该机型也曾参与海军的竞标，但诺斯罗普·格鲁曼公司的 X-47B 赢得了海军的合同。该图片中的 X-45A 飞行器现展示于国家航空航天博物馆。（诺曼·弗里德曼）

红外传感器组外，它还要携带激光测距 / 指示装置，其地面控制设备也要能与"蒂尔 I"和"蒂尔 III"级的无人系统具备互操作能力。根据规划，"蒂尔 II"将部署到团 / 旅级部队，特别是在典型的登陆作战行动中，冲击上陆的主要是营 / 团级部队，这类飞行器上舰能力及与下一级飞行器的互操作及衔接能力至为重要。

"蒂尔 III"主要装备大规模的陆战远征部队，如师 / 军一级规模的登陆部队或陆战队航空联队（MAW），它也是"蒂尔"系列飞行系统中唯一一种适合搭载武器的无人系统。2005 年时，担负这一角色的是"先锋"系列无人系统，但在 2003 年，陆战队提交的"先锋"无人机在数年内退役的方案已被批准，这意味着急需一种新的无人系统来填补空缺。但是后来，由于新研制用于它的倾转翼，"鹰眼"（Eagle Eye）无人系统迟迟无法交付，"先锋"系统的退役时间或将推迟至2013—2015 年。"鹰眼"无人系统主要由海岸警卫队投资开发，后被证明存在致命的缺陷。迫不得已，陆战队只得用 RQ-7"阴影"作为"蒂尔 III"的主要机种，担负未来"先锋"无人系统退役后留下的能力空缺。

要注意的是，由于海军和海军陆战队在作战时天然的配合关系，海军也负责陆战队所使用的飞行器的开发与采购，并且海军也总是希望为两个军种提供所使用的各类飞行器。因而，海军的无人飞行器计划中也会包括陆战队的项目，例如，海军把陆战队的"蒂尔 II"无人飞行器称为"小型战术无人飞行器"（STUAV）。在 2000 年海军的计划中，他们也要求保留"先锋"无人系统（当时该机型也在舰上使用），直至合适的垂直起降无人飞行器（VTUAV）成熟达到可实战部署时，再将前者退役。与此同时，海军还展开着其他的无人机开发项目，如多用途长航时无人飞行器（MRE）和未来的海军无人空中作战飞行器（N-UCAV）。在 1999 财年时，海军共拥有 5 套"先锋"无人系统（每套含 5 架飞行器），计划到 2000 财年时将其削减为 2 套，余下的等到垂直起降无人飞行器部署后再完全退役。此时，"火力侦察兵"无人系统作为垂直起降无人飞行器已逐渐成熟，在经过短暂犹豫后，海军终于采用了"火力侦察兵"。

此外，海军同样也对潜基发射的无人系统非常感兴趣，特别是在美国新的军事战略要求下，考虑到传统用于反舰、反潜的海军攻击核潜艇也将担负起对陆攻击、支援特种部队等常规任务，为其配备合适的潜基无人系统就非常有必要了。早在 2003 年，诺斯罗普·格鲁曼公司就获得海军资助，开发"可负担隐形容箱系统"（SACS）；当年 5 月，国防部先进研究项目局亦资助了"鸬鹚"（Cormorant）潜基无人飞行器的开发，但后来该项目被取消了。2006 年，与该项目相关的回收技术还经过试验。

与传统用于侦察、情报等支援性任务的无人飞行器不同，更先进的无人空中作战飞行器（UCAV）概念一经提出，就同时吸引了海军和空军的强烈兴趣，但目前仅有海军的一个目标仍在进行，也就是本节最初提及的 X-47B 项目。事实上，早在 20 世纪 60 年代，空军就曾有过类似的无人作战平台概念。1964 年，雷恩（曾设计了标准的美国喷气靶机"火蜂"）在进行"Cee Bee"项目开发时，就曾建议开发一

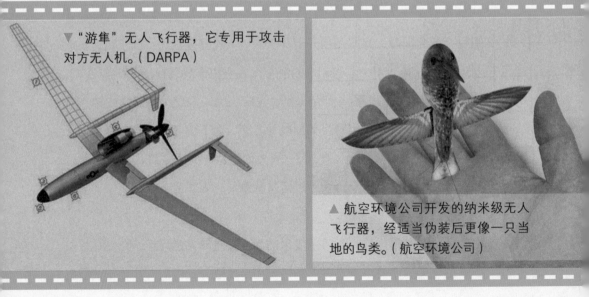

▼"游隼"无人飞行器，它专用于攻击对方无人机。（DARPA）

▲航空环境公司开发的纳米级无人飞行器，经适当伪装后更像一只当地的鸟类。（航空环境公司）

种由轰炸机携带的无人机，这种无人机挂载在大型轰炸机机翼下的硬挂载点上。但这一提议并未吸引军方高层，主要原因在于当时电子技术并不成熟，轰炸机也没有办法将其搭载的无人机在需要时精确地投放。而且，当时美国空军正深陷越南战争中野蛮的空中战争中，大量损失正使其焦头烂额，根本无暇考虑这类并不能立竿见影取得成效的项目。然而，空军也逐渐意识到仅靠蛮力无法改变当时的战争现状，开始倾向于发挥自己的技术优势开发新型武器系统。1971年，空军启动了"海弗柠檬"（Have Lemon）项目，该项目试图为现有的"火蜂"无人机加装电视摄像装置和数据链，配备两枚"幼畜"（Maverick）导弹或电视制导炸弹，使之能够精确地攻击特定目标。"海弗柠檬"项目主要针对敌方的防空系统进行压制，"火蜂"的操作人员通过机体头部的电视摄像装置经数据链传回的图像锁定目标，就像飞行员在座舱中锁定目标时一样，直至最后操作无人机发射投掷弹药准确地命中目标。1971年12月14日，一架经改装的"火蜂"成功发射了其携带的"幼畜"空地导弹。此外，"火蜂"无人

◀ AQM–34L（147SC型）"火蜂"无人机在越南战争中出任务的次数独占鳌头。有时也将担负侦察任务的"火蜂"无人机称为"萤火虫"。（美国空军国家博物馆）

机还可挂载"百舌鸟"(Shrike)反辐射导弹。1973—1974年,这种新型的"火蜂"无人系统开始部署,专门用于各类对地攻击任务。但是,随着越南战争进入尾声,美国空军也日益失去对这类飞行器的兴趣,甚至有空军人士认为空军不需要这种没有驾驶员的飞行器,最终在1979年,"火蜂"试验中队被解散。

到90年代末期,空军和海军对无人空中作战飞行器重新燃起兴趣,两个军种都启动了各自的开发项目。值得注意的是,最初海、空军的无人空中作战飞行器项目并不包含在军方的无人飞行器发展规划中,到2000年,也只有海军的UCAV-N项目列入了五角大楼的无人飞行器发展路线图。正是在这一时期,类似"持续性空中力量存在"的概念开始成型,人们开始意识到这一可能主要是考虑到无人飞行器的长航时特性,希望它们能长时间在敌方空域待机盘旋,通过实时地对目标进行打击来抑制敌方活动。也有人认为,这一想法的提出主要是基于美国海、空军在90年代末期巴尔干战争空中战役的实践。海、空军虽都把目光投向即将问世的无人作战平台,但两者强调的重点有所不同,海军更愿意使用垂直起降或短距起飞/垂直降落的无人飞行器。1999年3月,国防部先进研究项目局授予波音公司开发两架X-45A型UCAV演示样机的合同,该机型于2002年5月22日首飞。而在2000年夏,海军也启动了自己的计划,与波音和诺斯罗普·格鲁曼公司签订了为期15个月的概念开发合同,开始对未来先进无人作战系统进行概念研究。此时,海军在面对敌方严密的先进防空系统时,其主要任务仍侧重于侦察和监视,先期压制攻击、打开安全空中通道的任务通常都交由空军隐形战机来完成。海军启动此项目的意图也很明显，他们开始认真考虑拥有首次打击的能力，弥补自己作战能力的缺陷。2001 年年初，诺斯罗普·格鲁曼公司设计的 X-47A "飞马座"（Pegasus）的概念取得了海军青睐，赢得了与波音的竞争。之后 X-47A 得以继续开发，2003 年 7 月 30 日，X-47A 原型机首飞成功，在试飞过程中，未采用垂直尾翼的 X-47A 无人机演示了其优秀的隐形性能。

虽然在与 X-47A 的竞争中落败，波音公司的 X-45 型无人系统却得到空军的首肯。由于海、空两军种似乎在平行地展开先进无人空中作战飞行器的开发，为避免资源重复投入，2003 年 10 月，国防部先进研究项目局指导组建了联合无人空中作战系统办公室，以便协调两个军种的研发事宜。为了继续对这种新概念机型进行验证，国防部先

▲ D-21B "货运标签" 无人机。（美国空军国家博物馆）

◀ 美军早期
研制的小型
无人机。

进研究项目局继续资助波音公司进行 X-45B 无人系统的开发，并预计于 2008 年进行试飞。但在 X-45B 即将定型接受空军的评估时，空军将注意力集中到了性能更优良的 X-45C 型无人系统上。而与此同时，诺斯罗普·格鲁曼公司与洛克希德·马丁公司组成的无人系统团队也开始谋划 X-47A 之后的新机型，该团队计划开发更具模块化结构的产品，并以 X-47A 为基础，这也是 X-47B 项目的开始。2004 年年底，空军接管了整个联合项目的开发，但在 2006 年年初，空军还是取消了 X-45C 项目，这部分是由于 X-45C 与 X-47B 的性能差异并不明显，部分也是因为其自身需求变化需要重新考虑无人系统的性能指标。也有推测认为，空军在 X-45C 即将完成之际将其放弃，并非真正否定它的性能，而是将其列入机密开发项目，以便于使其消失在公众视线中。相比之下，海军仍保留了对 X-47B 的热情，并在 2007 年年初举行了一场招标，再次挑选了诺斯罗普·格鲁曼公司研制的 X-47B 型无人空中作战飞行器（另一家参与竞争的是波音公司及其 X-45C 无人系统）。

在低端无人系统领域，2005 年夏，国防部先进研究项目局建议启动一项为期 3 年的开发规划，以开发一种专门用于攻击无人飞行器的飞行器，该飞行器具有低成本、长航时的特性，同时也具有较大的俯冲速度。在提到这一项目的潜在价值时，先进研究项目局提到目前无人飞行器的全球性扩散。在当时全球共有超过 250 余种无人飞行器处于研发或已服役的状态，考虑到 GPS 制导、导航服务的快速普及，很多国家和政治实体都具备了开发无人系统的能力，未来美国武装力量必然会面对这股空中无人化的浪潮。因此，国防部先进研究项目局希望能开发一种可大量采购的攻击性无人系统。现在还不清楚，这种专门以无人机为目标的飞行器究竟该算做无人机，抑或一种可在空中徘徊的对空巡航导弹。根据其构想，这样的小型飞行器应该具有较宽大的主翼，能够长时间徘徊在战场上空。它采用小型内燃引擎，巡航速度可达 48 ~ 65 千米 / 时，当探测并确认到目标后，便以极高的俯冲速度冲向对方无人机（先进研究项目局暗示这一机型将采用加速性能显著的小型脉冲式喷气发动机）。为平衡宽大主翼所赋予的长航时特性与俯冲时要求尽可能减少主翼面积以便提高速度的要求，飞行器在俯冲时将自动抛离其主翼。2007 年 2 月，先进研究项目局迫于国会压力，公布了此项目的资金情况，该项目从 2006 财年开始投入资金，计划到 2009 财年完毕。在公布的信息中未提及相关承包商和实际开发进展，因此也有推测认为该项目遭遇较大技术障碍，抑或只是先进研究项目局的先进概念研究。但是在其他的无人机领域，国防部先进研究项目局的开发力度仍然较大，2009 年 4 月，国防部先进研究项目局一份先进无人飞行器传感器开发合同授予了国内工业团队，该工业团队由航空物理、雷声导弹系统（Raytheon）、密歇根研究所等三家公司或机构组成。该传感器项目也称为"游隼"（Peregrine），它是一套雷达提示的主/被动红外装置，系统基于雷声公司的"静眼"（Quiet Eye）电光传感器塔。据现有资料显示，它能够通过探测目标飞行器螺旋桨推进器的多普勒反射回波来探测、识别目标飞行器的型号。此外，传感器塔还内置有激光装置，通过其对目标的照射可获取有关目标的距离、几何形状尺寸等信息，甚至还可用来干扰、破坏目标飞行器的光电传感装置。国防部先进研究项目局还资助过用于攻击无人飞行器及其光电传感器、激光测距仪的高激光项目（据推测可能是地基激光发射装置）。

2009年1月，国防部先进研究项目局与双光技术LLC公司签订合同，由后者专门为特种作战力量或其他小规模作战单位，开发近距离空中支援系统（据推测可能是基于无人飞行器的攻击系统）。预计该系统已于当年完成开发，它可由操作人员利用手持式遥控装置控制，可在不暴露己方人员位置的情况下，对敌实施空中攻击。系统搭载的武器可能是微型导弹或火箭。项目开发的第一阶段主要是工程设计，第二阶段将制造原型样机，第三阶段则是生产商合同完成产品的规模化生产。

目前，国防部先进研究项目局对一些非常小型的无人飞行器项目非常感兴趣，为此，该机构启动了专门开发"隐形、持久工作、驻留并监视"（SP2S）的超微型无人飞行器的项目。很明显，航空环境公司（AeroVironment Inc.）开发与小鸟类似、10克级的"水星"（Mercury）飞行器获得了该项目的资助，该飞行器已于2008年12月进行了试飞。该公司还生产了一种更为传统的"黄蜂"（Wasp）飞行器，重量为430

▲ "弹簧刀" 无人机。

克。该飞行器采用垂直起飞，在升空后翻转成水平飞行状态，到达飞行目标地后再垂直降落并固定在地面，遂行侦察、监视及数据传输任务（持续工作时间最终超过 24 小时）。这类超微型飞行器将可能由传统大型无人飞行器布撒，搭载着无人值守地面传感器，而且机动性极高、造价低廉，可以很精确地感知、指示目标。如果这类飞行器技术成熟，将为未来地面战场的侦察监视体系带来巨大影响。此外，先进研究项目局还致力于资助一些极为超前的开发项目，例如他们曾资助过一种变形空地载具（MALVs）的项目，这一载具既可在空中飞行，也可在地面爬行，2004 年曾有这类试验飞行器（翼展约 71.12 厘米）在埃格林（Eglin）空军基地进行飞行。

在大型无人飞行器作战应用方面，美国导弹防御局（MDA，以往的弹道导弹防御组织 BMDO）曾试验利用无人飞行器对敌方发射的弹道导弹进行助推段拦截，该项目又名 "战区作战响应飞行器计划"（RAPTOR），其英文缩写也译为 "猛禽"。该计划构想，利用具备长航时特性的侦察控制飞行器及攻击飞行器潜伏在敌方可能发射弹道导弹的空域，侦察飞行器在探测到敌方导弹发射后，将相关信息传输给附近的攻击飞行器，由后者发射高速空对空导弹，将正在助推段以较慢速度飞行的弹道导弹击毁。而且该项目提及了"战区作战"，这意味着其可在战场边缘击毁发射中的短程弹道导弹。

这一项目并非只是构想，其中携载导弹的无人机原型机已完成初步试验，这种原型机名为"魔爪"（Talon），它由缩尺复合体（Scaled Composites）公司设计，是一种传统外形设计和结构的飞行器，采用下单翼、双垂翼，活塞式螺旋桨推进器引擎，武备方面可携带两枚50磅重射程达100千米的高速动能杀伤导弹。其性能参数具体为：翼展20米、机身长7.6米，全重815千克（空重370千克），续航时间可达50小时，最大飞行速度约450千米/时，作战升限2万米。除了导弹外，它还搭载有68千克的红外控制与跟踪传感器，用于攻击时为导弹提供精确的目标参数。

2000年以后，由于在助推段反导方面有了更可靠手段，例如，机载高能激光，导弹防御局于是放弃了"猛禽"项目，该项目所开发出的几种无人机也交由国家航空航天局（NASA）处理，后者利用这些飞行器进行极限高度的飞行试验。但到了2010

▲ 美军装备的"扫描鹰"轻型无人机，可以在海上和陆地上部署。

年，由于"机载反导激光"（ABL）项目受挫，有人便重提当年的无人机助推段反导项目"猛禽"。为了重启该项目，NASA 修改了当年的"探路者"飞行器的设计，新

▲ 美军计划在未来研制出能在高空停留五年的高空监视无人机。

机型称为"增强型探路者"，其翼展伸长至 36.3 米（也有资料显示为 37 米），动力系统则提升了原太阳能电池的性能，并加装了两台电动引擎（使引擎总数达到 10 台，每台无刷式电动引擎的功率为 8 马力），螺旋桨推进器也采用适应高空低温低压环境的双叶片薄片型推进器。全机起飞重量也增加到 340 千克（最大负载 45 千克），改进后新机型的续航时间达到 15 小时（巡航速度 27.6 ~ 33.1 千米 / 时），最大使用升限也提升到 24300 米。在不同的升限，该机型的负载也有所不同：在 19800 米时负载约为 45.36 千克；在 24300 米时负载约 22.68 千克。如果一切顺利，下一步将用"半人马座"（Centurion）无人高空飞行器取代"增强型探路者"，"半人马座"是后者的增大比例型飞行器，也由航空环境公司开发，亦曾于 1998 年 11 月在 NASA 的德莱顿（Dryden）研究中心进行了试飞。其性能参数如下：翼展 62.8 米，配备 12 台螺旋桨推进引擎及四个吊舱，全重 630 千克，作战最大升限可达 30480 米。目前，"半人马座"飞行器也被认为是超长航时的"太阳神"（Helios）飞行器的原型机，后者的翼展据称将达到 75.3 米、配备 14 台螺旋桨推进引擎和 5 个吊舱，其机翼和机身上的太阳能电池板可产生 37 千瓦的功率，其中

10 千瓦用于驱动电动引擎。它的设计最大升限也达到 30480 米，并可在 15240 米的高空续航 4 天。"太阳神"飞行器首飞于 1999 年 9 月（低升限试飞），2001 年 8 月它创造了 29823 米的升限纪录，超过了此前由 SR-71 "黑鸟"侦察机于 1976 年 7 月创造的水平飞行 25928 米的升限纪录。据称，海军曾考虑将"太阳神"无人飞行器作为长航时通信中继机，因为利用这类高空无人飞行器作为通信中继可极大地减少海军舰队因集中使用卫星下行数据链路而被敌方侦知的弱点，而且这样也不用卫星具备复杂的下行波束控制能力。

美国海军和陆战队目前计划开发新的用于替代"扫描鹰"的小型战术无人空中系统（STUAS），两军种于 2004 年采购前者，主要是为应付伊、阿战争的急需。他们希望获得的机型至少要三倍于现有的"扫描鹰"无人机。两军种的需求论证于 2007 年 8 月开始，2009 年 6 月向各防务生产企业提出了招标事由，当时至少有 12 家防务承包商对此采购项目表达了兴趣，并最终提交了四种机型供海军及陆战队选择：AAI 公司的"航空探测 Mk4.7"飞行器、波音 / 英西图（Insitu）公司的"合成者"（Integrator）飞行器、无人飞行器动力（UAV Dynamics）公司的"风暴"（Storm）无人机（该机型是埃尔伯特公司开发的"赫尔姆斯 90"型无人机的改进型）以及雷声 / 雨燕工程（Swift Engineering）公司的"杀手蜜蜂 4"飞行器。属于"蒂尔 II"无人系统的 STUAS 将用于替代两军种的"扫描鹰"无人系统。目前，两军种对这种飞行器提出的性能需求，包括能在舰上或陆上控制站至少从 4 千米外对飞行器进行操作，具有至少 10 小时的续航时间（最终达到 24 小时续航），能为地面控制站提供实时动态视频。系统的耐飞性和可靠性要达到在 30 天内连续保持每天 12 小时的使用强度,而且在这 30 天中有 10 天可保持全天 24 小时的使用强度;在输送性能方面,它要能由通用悍马吉普运输,而且没有一个单独的机体部分需要两名以上的士兵搬运。海军和陆战队的招标性能最初要求飞行器只需在 2012 年时具有初步操作能力,但很快就调整为要竞标的生产商在 2010 年第三季度提交 5 套系统,用于试验和挑选。据评估,两军种可能最终将采购总计多达 250 套这种系统(每套系统含 3 ~ 4 架飞行器),而最初的计划是采购 54 套无人系统。自 2009 年两军种公布招标信息以来,原本预计于当年 8 月或最迟在 9 月就能确定竞争的赢出者,但这一日期一拖再拖,到 2010 年 1 月时仍未作出最终决定。

而空军也未放松对未来无人系统的开发,2009 年中期,空军完成了对未来 MQ-X 型无人机的初步性能要求规划。事实上关于 MQ-X 的概念设计工作早在 2004 年就已开始,现在还不清楚空军构想的 MQ-X 性能在多大程度上与海军 X-47B 型无人系统相类似的攻击轰炸机吻合,

一架部署于阿富汗的 RQ-1L "掠食者" 无人机在完成飞行任务后,准备驶离跑道。该飞行器属于第 57 联队。(美国海军陆战队)

▲ AQM-34Q（147TE 型）是"火蜂"飞行器系列中用于收集电子情报的型号。在美国 EC-121 被朝鲜击落后（1969 年 1 月），该型飞行器广泛用于对朝鲜的空中侦察。（美国空军国家博物馆）

抑或是像"掠食者"或"收割者"这样的侦察攻击机型。竞争海军无人空中作战系统的波音和诺斯罗普·格鲁曼公司已对这一项目表现出极大兴趣，而雷声公司也声称要加入与波音和诺斯罗普·格鲁曼公司的竞争，其为竞标提供的样机可能是一种将两台喷气引擎配备在机尾的全新机型，也可能是一种将"杀手蜜蜂"放大后的新飞行器。目前，还不清楚洛克希德·马丁公司是否也想要参与竞标（见下文）。至少，为空军提供"掠食者"系列无人机的通用原子公司也不愿放弃这样的机会，它推出了最新的"掠食者 C"型无人系统，希望其成为 MQ-X。考虑到空军招标最初的意图是简单地以性能更优越的新机型替换现有的"掠食者"和"收割者"系统，通用原子公司的胜算还是较大的，特别是其

"掠食者 C"型系统在速度和隐形性能方面远超老式系统，而且空军使用这两种机型的时间较长，从习惯方面考虑继续采用通用原子公司的产品将会使其战斗力迅速过渡到新机型上来。而空军在发布的展望从现在至 2047 年（美国空军成立 100 周年）的发展路线图中，也构想了连续的无人系统发展阶段：MQ-Ma、MQ-Mb、……虽然没有为每个阶段指明时间节点，但规划到 MQ-Mc 发展阶段时，无人机将具备空对空作战的能力。

在小型无人飞行器方面，空军于 2010 年中期开始寻找一种管式发射的小型无人飞行器，它可能被常规飞机携带发射，甚至也可能由一架大型的无人机发射。实际上，该项目早在 2008 年就已露端倪，L3日内瓦宇航公司于 2008 年 8 月在提及其开发的"可消耗管式发射无人飞行器"（TLEUAV）时，就已显示出这一项目的存在。L3 日内瓦宇航公司开发的飞行器长约 1 米，重约 6.8 千克，续航时间约 1 小时，在飞行过程中可将侦察信息经数据链传输到地面控制站。由于价格低廉、使用方便，据称海军和陆军相关机构也参与了其研发，而这也有可能成为一个三军联合开发的项目。L3 日内瓦宇航公司称，该飞行器封装入发射筒后在 18 个月内无须维持，其最大飞行速度达到 157 千米 / 时、巡航速度 101 ～ 120 千米 / 时，采用一部活塞引擎驱动螺旋桨推进器，推进器桨叶可折叠以便于运输和储存，单架

RQ-170 无人机准备部署在阿富汗坎大哈无人机基地。

飞行器的价格约 2000 美元，便于大量采购和补充。这种飞行器一经发射后，便一直飞行直至坠毁。海军的声呐浮标管状发射无人机的使用也与此类似。（见下文）

2010 年 1 月 29 日，DARPA 发布了一项投标项目，准备通过竞争的方式选取一种用于近距离空中支援的无人飞行器。DARPA 在说明中表明，这种无人飞行器既可以是全新开发的无人空中作战飞行器，也可以通过对现有无人飞行器的改造，使之达到投标要求。DARPA 也特别提及了 QF-4、QF-10 及 AQ-10 等几种由有人战机改制的大型无人飞行器，最后一种 AQ-10 是原 A-10 对地攻击机的双座无人化型号，暗示这类飞行器也符合招标要求。如果是新型的无人空中作战飞行器，它的性能特别是续航时间须不低于现有的 MQ-1、MQ-9 等型号；而由有人战机改装的无人飞行器，其续航时间也要不低于前述几种现有无人机。招标额外要求具有的性能包括高亚音速（超过 0.65 倍音速）、机动性（在空中可做过载超过 3G 的机动），据推测可能是为确保新飞行器在面对敌方空射导弹威胁时并非全无招架之力。新机型的负载要求达到 907.18 ~ 2267.96 千克，可携带大量的武器弹药。与现有"收割者"系统相比，新机型飞得更快，也更灵活。而且最重要的，不像现有的无人系统，DARPA 明确要求新无人飞行器将替换一部分有人战机。考虑到现在已有的 X-47B 这类高性能无人飞行器也能提供类似的性能（以海军为主开发），DARPA 通常只是把握各类先进项目的发展方面，而非覆盖具体项目，现在还不清楚为何这一开发项目由 DARPA 主导。从这一点看，这也意味着 DARPA 主导的这一项目可能具备更先进的特征，例如更强的智能化水平以及自主能力。

◀ 无人机传出来的侦查图像。

这里，有必须对美国军方的无人飞行器项目采购的流程结构进行说明。在理论上，军方从立项、选定承包商、签订合同、研发、试验、验收到量产等，会经历相对较长的过程。但是近年来无人系统的爆炸性飞速发展以及迫切的军事需求，使这一过程越来越不适应形势需要，有时战争开始时签订的开发合同直至战事快结束都无法履约。为了迅速地拿到产品，将新技术尽快应用于战场，很多无人系统的采购都基于特别的程序和办法。其中，最重要的一种就是将开发中的无人飞行器划归为"先进概念战术演示"（ACTD）项目或"联合概念战术演示"（JCTD）项目，如此来规避常规的采购程序。理论上，ACTD 和 JCTD 项目将制造出较多的样机来试验某种新型技术，以评估其潜在的作战性能和战术价值，特别是在实战下进行试验也是其开发中非常重要的环节，因此，有时 ACTD 和 JCTD 项目就会以试验验证的名义，在短期内将样机投入战场，达到军方迅速采用的目的。而按常规来说，ACTD 和 JCTD 项目在进行完评估性试验后，如果仍有军方需要，就会演变为一个正常的开发项目。但是，军方为规避常规立项采购程序会尽量延长实战性评估试验的过程，在期间采购更多的样机进行实战，在这一过程中逐步对其进行完善和优化。然而，这一折中的办法快是快，有时也会带来不少无法预期的问题，最突出的就是 ACTD 和 JCTD 项目的标准化问题，因为作为试验演示项目，这两类项目开发的飞行器无须考虑与其他系统兼容和标准化，这也是这类项目之所以快的重要原因。过去，要使一套无人飞行器的地面控制站与现有系统相兼容，通常需要花费极大的精力和较多时间，在这一方面，海军似乎比陆、空军更有经验和成功。

在一项 ACTD 或 JCTD 项目的技术逐渐成熟后，它们就可能变更标准的立项采购程序。最先在完成这类技术验证和演示后转为正常采购程序的项目，可能是陆军于 2005 年为其"增程 / 多用途无人飞行器"（ER/MP UAV）项目所进行的立项采购，后来这一项目交给了通用原子公司的 MQ-1C"天空勇士"无人系统。而近期，国防部及军方准备签订合同及采购的无人系统，包括海军及陆战队的 STUAS/"蒂尔 II"项目，以及空军的 MQ-X 项目。但是，由于伊、阿战场上急需大量新型无人系统，国防部及其他军种还是较喜欢采用特别的验证试验型采购合同。也正是由于各军种现在使用的不少无人系统采用 ACTD 或 JCTD 的名目，在战场上使用时，这些系统使用的燃料也各不相同，这与国防部现行政策和发展方向不符。到 2009 年时，国防部想统一各军种使用燃料，将各种设备配备的汽油内燃机改为柴油引擎，此举不仅能增强车辆、载具的机动性和战场生存能力，也可极大地减少后勤保障复杂性。

2009 年 2 月，国防部为规范无人系统开发标准，提高现有无人系统的互操作能力及各类设备的兼容性，要求三军联合开发单一的无人空中系统控制系统结构，以便将其应用于军方所有的无人飞行器（可能并不包含微型或超微型无人飞行器）。这样一套开放式的系统结构意味着"即插即用"的概念，其软件也要兼容所有飞行器的控制系统。同时，单一的控制平台结构也意味着原本用来执行不同任务的无人飞行器，将来也可用于执行类似的任务。例如，国防部要求陆军评估利用其"天空勇士"无人系统去执行空军"掠食者"无人系统的任务（这两种系统在性能上较为相似）。对于功能相似的飞行器这么做并无不妥，但对于任务性能差距较大的系统，如此可能就会得不偿失，除非单一平台能涵盖所有的现有无人作战飞行器及任务，并在指派时考虑到不同特点的任务对无人系统性能的要求。采用通用的地面控制系统的另一项优势则是为

▲ MQ-9 已经部署到阿富汗执行猎杀和攻击任务，定点清除了很多塔利班武装分子。

今后不同防务承包企业的竞争提供了一个公平的平台。以往由于系统各不相同，很多无人系统的地面控制设备所拥有的功能不具可比性，现在在同一套系统上，其控制软件工具，例如，可视化能力、自动跟踪、数据获取及标注等，就有了统一的标准和参照，便于各企业竞争和军方挑选。目前，美国陆军正在着手推进这一项目。但这一想法也并非没有缺陷，其中较突出的问题就是各军种使用无人系统的习惯不同，统一后可能会造成新的不便。例如，由于该项目，空军被迫取消了为"掠食者"、"收割者"无人系统开发先进控制座舱的项目，空军原计划开发的这种座舱可为无人机操控人员提供逼真的模拟操作环境，它可让操作人员全景式地感觉空中飞行的环境，操纵机体做过载机动时舱内人员也能感觉到。空军之所以需要这类高仿真座舱，是由于其无人机操纵者多由飞行员转行而来，他们更习惯在真实飞机中的感受。这也反映出空军将无人飞行器当做需要全职驾驶人员的战机的看法，而这一观点却并不为其他军种所认同。

2 >> RQ/MQ-1 "掠食者"

RQ/MQ-1 "掠食者"（Predator）/ "天空勇士"（SkyWarrior）/ "蚊蚋750"（Gnat）

　　"掠食者"无人系统采用通用原子公司的"蚊蚋 750"飞行器为基础，也是美国空军装备的第一种中空长航时无人飞行器。"掠食者"项目源自早期的"蒂尔 I"及"蒂尔 II"中空长航时飞行器开发项目（"蒂尔 I"项目最初主要由中央情报局出资开发，1993—1994 年时，中情局将其部署到前南斯拉夫，用于侦察和监视）。1994 年 1 月，通用原子公司以改进型的"蚊蚋 750TE"飞行器赢得了国防部的"蒂尔 II"竞标项目，取得了 RQ-1A 的军用编号，并于 1995 年夏被部署到波斯尼亚。在 2000 年左右，该机型的后继改进和完善成为空军主导的项目，也正在这一时期，其"掠食者"的绰号才广为人知。空军在 2000—2008 财年，共采购了 199 架"掠食者"飞行器（如包括早期采购型号，其总数超过

"掠食者"无人机性能参数

　　"掠食者"的性能参数具体为：翼展 14.8 米、机身长 8.1 米，全重 1134 千克（负载 204 千克），续航时间约 35 小时，任务半径约 740 千米，最大升限 7620 米、实用作战高度 4600 米，最大飞行速度 210 千米 / 时、巡航速度 125 千米 / 时、巡逻速度 116 千米 / 时。动力装置采用一部 105 马力的罗塔克斯（Rotax）912/914 型四缸燃料喷射式活塞内燃引擎。

◀ 通用原子公司于 2009 年在美国海军协会展上展出的喷气型"掠食者 C"型无人机。(诺曼·弗里德曼)

268 架，2009 财年空军又列编了采购另 38 架的预算)。2009 财年空军预算分配预期显示，到 2013 财年结束时，空军总共要拥有 413 架 RQ-1"掠食者"飞行器。后来，通用原子公司再次对其进行改造和完善，研制成新的"掠食者 B"型飞行器，而原型号也就称为"掠食者 A"，B 型也就是后来的 MQ-9"收割者"无人机（见下文叙述）。

2009 年 9 月，通用原子公司称，截止到当时"掠食者"系列飞行器已累积飞行了 50 万小时，执行了超过 5 万次任务，其中 85% 是战斗任务。幸运地飞到第 50 万小时的是一架编号为 P-131 的"掠食者 A"型飞行器，当年 7 月 6 日，它执行一次武装侦察任务时飞行到第 50 万个小时，这架特别的飞行器在部署的两年半时间内，已执行超过了 300 次作战任务（飞行时间超过 6000 小时）。现在美国空军的"掠食者"无人系统在反恐战场上以及执行国土安全任务中，每月累计的飞行小时数平均达到 2 万小时。而这只是美国武装力量和安全机构大规模运用该机型的一个缩影。

在"掠食者"飞行器的前身"蚊蚋"系列飞行器问世的 20 世纪 90

年代初，当时的"蚊蚋"无人飞行器主要有两大客户：土耳其和中情局，其中前者只拥有一套该系统（共6架飞行器），而后者则是其主要用户。当时，中情局需要一种可持续飞行的侦察、监视平台，用以监控波斯尼亚不断扩大化的战争。由于通用原子公司现有的"蚊蚋"系列飞行器正好满足中情局的要求，后者便很快采购了一批该型系统，部署到巴尔干半岛。其具体使用过程为，"蚊蚋"飞行器通过其机载视频和红外传感器，将拍摄到的图像视频经一架有人驾驶的"施瓦茨"（Schweizer）飞机中继传输到地面站。原本其遥控和地面设备设置在意大利，但在发现意大利电视台及无线电台会对"蚊蚋"的数据链传输造成干扰后，中情局遂将接收设施转移到了阿尔巴尼亚。1994年2—3月，共有一队"蚊蚋"飞行器部署到阿尔巴尼亚，当年冬季来临时为不影响飞行器正常使用又转移到克罗地亚沿海。部署直到1996年7月才正式结束，该系统首次海外部署经历表明了它的高效，但当地寒冷多雨的环境也使其可靠性受到影响。

1993年7月，国防部公布了"蒂尔II"系统飞行器的性能需求：飞行器的负载须达到181.44 ~ 226.78千克（负载传感器可提供分辨率为0.3048米的图像），起飞后航程达到800千米、续航时间达到24小时。通用原子公司将其"蚊蚋750"无人机整体放大后形成了新的机型，称为"掠食者"飞行器，以此参加国防部的竞标，最终赢得了合同，并于1994年1月7日接到海军的开发、采购订单。"掠食者"于1994年7月3日首飞，正好满足合同规定的为期6月的开发研制阶段。在之后的系列试验飞行中，它展示出极佳的续航性能，最长续航时间达到40小时17分钟。在之后"掠食者"系统参与的"流沙"

（Roving Sand）演习中，该机型展现出非常高的可靠性和出勤率，在演习期间它高强度地连续飞行了 26 天，提供了演习中所使用的 85% 的图像情报，对超过 200 个各类目标进行了照相和侦察。军方对此非常满意，很快就将其部署到驻欧部队，希望它能提供早前"蚊蚋750"所具备的那种视频侦察能力。"掠食者"在欧洲上空第一次飞行任务始于 1994 年 7 月，当时它部署到巴尔干半岛，最初原本计划 60 天的飞行任务因巴尔干战争拖延，也延长到 120 天。之后该机型又被部署到匈牙利塔西扎尔（Taszar）空军基地，用于监督巴尔干半岛冲突各方履行"戴顿和平协议"的情况。1997 年 8 月，"掠食者"无人系统成为第一款正式由"先进概念战术演示"（ACTD）项目开发完毕的成熟机型。

"掠者食"在科索沃上空的行动同时也暴露出一个严重的问题，即通过该飞行器侦察到目标，并在尔后实施攻击的时间间隔过长，这对固定目标倒不是什么问题，但对移动目标却常造成攻击力量无法利用其情报。对付这类移动目标，当时空军的解决方式只能是武装"掠食者"，由其发现目标后随即开始攻击。具体的改装是将激光指示器加装到机首下方的传感器组旋塔中，由它为飞行器搭载的"地狱火"激光制导导弹指示

▼在海面上执行监视任务的"掠食者"无人机。

目标。2001 年 2 月，这一组合在加州中国湖进行了试验，试验结果表明了可行性，RQ-1 的军用编号也随之正式变为 MQ-1。在经过对武器系统的调试和优化后，新的武装型"掠食者"称为 MQ-1B，其可挂载 2 枚"地狱火"导弹。

与空军开始执行攻击任务的"掠食者"相比，中情局的同类型系统更多地仍执行着侦察、监视任务。2000 年时，中情局的"掠食者"系统开始进驻巴基斯坦，以其为基地飞临阿富汗上空遂行各类监视任务。据称，2001 年"9·11"事件后有一架中情局的"掠食者"曾捕捉到了本·拉登，但并未攻击，据推测可能当时"掠食者"没携带武器。对于当时空军开始武装"掠食者"，不清楚中情局到底在多大程度上意识到这一问题。可能也正是因为那次侦察到拉登却无法攻击的小插曲，中情局很快也决定将其"掠食者"武装起来（和空军一样搭载"地狱火"导弹），并于当年 10 月就由这些飞行器发动了第一次空中攻击。随后这些中情局所属的武装侦察系统广泛使用于全球反恐战场，在阿富汗、伊拉克、巴基斯坦西北边境地区以及后来的也门等，都留下它们的足迹。

2008 年 6 月，雷声公司宣称独自开发了一种适用于"掠食者"搭载的小型导弹系统，并已为一个未经透露

▼ 执行电子侦察的"掠食者"无人机，机身上布满了各种天线和电子设备。

的客户采用，据推测极可能是大量采用"掠食者"系统的英国。这种导弹名为"格里芬"（Griffin），它是一种管状发射的火箭弹，其弹体头部有一个激光寻的器，由于体积较小，单个"地狱火"挂载点可携带3枚这样的导弹。连同其发射装置，单枚导弹的重量约20.41千克，长1.07米。

由于无人系统拥有量激增，2007年美国空军组建了第一支无人飞行器联队——第432无人机联队，它包括6个作战中队和一个维护中队。该联队还想继续补充兵力，最终达到拥有15个中空长航时无人机中队（由"掠食者"和"收割者"无人机群组成）。规划中第432联队的大多数无人机将由空军国民警卫队（ANG）负责日常管理和使用。英国也曾采购一批武装型"掠食者"系统，其派出人员在位于美国的控制中心遥控使用，这部分人员和装备则附属于美国第15无人机中队。同时，空军评估认为一个无人机联队每年将执行5000小时的飞行任务，其人员和装备的85%都处于出勤状态。之后随着无人系统增多，也为美国特种作战司令部指定了一个专门的中队，为其提供战场支援和攻击服务。2007年，空军在伊、阿空域总共只能保证维持12架"掠食者"全天24小时滞空待命，自"掠食者"开始服役以来至当年6月，该机型已累计飞行了25万小时；而到了2008年空军已能维持21架"掠食者"全天24小时滞空待命。

由于"掠食者"系统在部队使用得最为广泛，其遭受的损失也就比其他机型更重。到2002年初，先前制造的65架"掠食者"中有1/3已坠毁。2002年5月，据报道"掠食者"飞行机在战场上被击落了9架，由于机械故障或恶劣天气原因坠毁8架，由于人为操作失误造成坠毁的有 6 架。1991—2003 年，美国武装力量共损失了 185 架无人飞行器。2004—2006 年，有统计表明"掠食者"的损失比例达到每 10 万小时飞行，损失约 32 架。

2009 年 4 月，美国空军预计将接收其第 2000 架 MQ-1 无人系统，这也是空军早先计划的一部分。空军希望到 2009 年年末时，能在中东反恐战场空域随时保持 31 架滞空待命的"掠食者"飞行器。2010 年，空军规划要采购足够数量的"掠食者"和"收割者"无人系统，在阿富汗上空建立 65 个"作战空中巡逻区域"（CAP），其定义是"在特定区域中，当需要时有 95% 的几率获得附近无人系统的支援"。这一概念与先前的无人机滞空待机区域相似。空军评估，需要 2.5 架飞行器才能维持一个 CPA 区域，再考虑到损耗和备份的无人系统，要建立 65 个 CAP，共需要约 260 架无人飞行器。

2006 年 8 月，美国陆军选择了 MQ-1C 型"掠食者"作为其"增程多用途无人飞行器"，以替代原有的 RQ-5"猎手"无人系统。新的增程无人系统并未采用原"掠食者"使用的地面设备，而是采用 AAI 公司的地面控制站（与小一些的 RQ-7A"阴影"无人系统相同）。这一增程系统将被称为"天空勇士"[2010 年 2 月，也有消息称很快该机型将改称为"格雷鹰"（GrayEagle）]。而在与 MQ-1C 型飞行器竞争中失利的是诺斯罗普·格鲁曼公司与以色列飞机工业公司联合推出

▶ 正在准备在路上机场起飞的"掠食者"无人机。

的"苍鹭 II"系统。通用原子公司在竞标期间，强调新的"天空勇士"配备有三余度飞行控制系统（可能其他"掠食者"系统并不具备这一特性），其引擎也采用重油内燃机，对赢得合同信心十足。胜出后，该公司宣称该系统将比陆军预计部署时间提前两年达到量产服役阶段。第一批 Block 0 型飞行器已于 2007 年 6 月 6 日试飞成功，这一批次的飞行器很快部署到伊拉克战场。每套"天空勇士"系统包含 5 部地面控制设备，以及 12 ~ 18 架飞行器。陆军当时计划为其 10 个现役师级作战部队各配备一套"天空勇士"无人系统，总计约需 132 架飞行器。MQ-1C 是 MQ-1 飞行器的改进型，具体变化包括引擎改为蒂勒尔特柴油机，油料改为 JP8 型航油，更新自动起降系统、一部雷声公司开发的通用光电/红外传感器负载以及战术通用数据链。据称该系统飞行器后继型号也将配备诺斯罗普·格鲁曼公司开发的具备地面动目标指示（GMTI）功能的"蓝锆石"（Starlite）合成孔径雷达，到 2011 年预计加配一部战术信号情报（SIGINT）收集组件。MQ-1C 飞行器机腹下共有四个硬挂点，两个支持 227 千克级负载，另两个则是 113 千克负载。理论上说，它最多可携带 4 枚"地狱火"导弹，比先前老式的"掠食者"者多 2 枚。MQ-1C 的续航时间延

◀ 挂载小型激光制导炸弹，执行攻击任务的 MQ-1 "掠食者"无人机，这是"掠食者"无人机早期的通用攻击型号。

长至 40 小时，相比之下 MQ-1B 只有 24 小时。据陆军透露，该系统实战条件下性能试验及评估最快将于 2013 年开始。此外，在"快速反应能力"（QRC）项目的支持下，MQ-1C 所配用的"地狱火 P"型导弹也于 2010 年 1 月完成实战试验，目前这种可对付快速机动目标的空地导弹已在伊、阿战场小规模试用。至于控制软件部分，2010 年 5 月，通用原子公司已开发新的升级控制软件包，当年 7 月采用新控制软件的作战单位就可部署，它完全兼容先前采购的"掠食者"系统。

对于此类增程型长航时飞行器，陆军已有相当的使用经验。早在 2004 年 3 月时，陆军就曾使用过 5 架增程型的"蚊蚋 -ER"型飞行器；2008 年 4 月，陆军曾在伊拉克部署使用过另 16 架由"掠食者"改装而成的"阿尔法勇士"（Warrior Alpha）飞行器，到 2009 年春据称有 9 架此型飞行器部署于伊拉克，另 3 架部署于阿富汗。目前，陆军已采购了 11 架"勇士"Block 0 型飞行器，它具有 C 波段的数据链和通用原子公司专门开发的地面控制站，但不具备自动起降系统、硬挂载点及除冰装置。到 2009 年初陆军在伊拉克共部署有 4 架这样的飞行器。

陆军规划中的"勇士"系统演示计划，是想开发一种航程、续航时间更长，略经改装即具备攻击功能的无人系统，以应对目前久拖不决反恐战争。2008 年 4 月，陆军演示计划的原型机开始试飞，第一批 Block 1 批次共生产了 17 架飞行器，后来又追加生产了 8 架。计划准备为陆军现役的 10 个师各配备一套该系统，外加备份的一套，总共需要采购 11 套系统，每套系统含 12 架飞行器。但最近陆军表示将增加采购量，使拥有的数量达到 35 ~ 45 套，据称增加采购量很可能反映出陆军将更

▲ 美军"掠食者"C 无人机准备挂弹出击。

多地以旅级战斗部队而不是师为作战单位投入日益扩大化的全球反恐战争中。同时，陆军也对通用原子公司新开发的"增强勇士"飞行器很感兴趣，它拥有更大的航程，其机腹下也增加了一个 225 千克负载的硬挂载点。

2008 年，陆军称 2005—2007 年，"掠食者"系列飞行器每 10 小时的坠毁率已下降了 80%，而同期该机型的飞行时数增长了 3.8 倍（绝对数值不详），这意味着初期高事故、高坠毁率很可能是由于缺乏合适的维护所致，在配套维护措施完善后，故障率自然也就大幅下降。2009 年中期，通用原子公司的宣传手册称，军方配备的"掠食者"系统飞行器已积累飞行了超过 70 万小时，其中 65% 飞行时数执行作战任务，在任何时刻都有超过 40 架"掠食者"飞行器在全球各处的空域巡航，而单架飞行器的飞行时数已超过 1.4 万小时。

"掠食者"系统除广泛应用于陆、空军外，通用原子公司也想将其拓展到海军，公司曾改进过"掠食者"形成新的型号参与海军的"广域海上监视"（BAMS）项目的竞标，但败给了"全球鹰"飞行器。2006 年 12 月，海军采购了一架 MQ-9A 飞行器，但并未说明其用途，根据其配置，它不可能用于"广域海上监视"项目，因而极有可能用于支援海军特种力量在伊、阿的特种行动。但有消息也认为，海军采购这架飞行器很可能是为了试验将这类武装型无人飞行器引入现役舰只，以便在美国无法取得陆上基地的条件下与恐怖组织作战。2009年时，通用原子公司大力推动其专为陆战队开发的"掠食者B"型飞行器，该机机腹下悬着的较大荚舱内携有一部多模式的海用雷达，其性能参数如下：翼展20米、机身长11米，最大升限超过15300米，最大速度超过442千米/时，续航时间超过30小时。该飞行器也保留了原先系统在其机首下方的光电/红外传感器组旋塔，但为适应陆战队使用还加配了一套用于接收商用船舶自动识别系统信号的接收装置。目前仍不清楚该机型传感器负载是否可换用电子支援设备（ESM）/信号情报收集包或是诸如

"山猫"（Lynx）之类的具有地面动目标指示功能的合成孔径雷达。

早在1994年，土耳其就采购了两套地面站及6架"蚊蚋750"无人飞行器，1998年时还追加采购了2架，这些也是"掠食者"系统的早期型号。由于其性能优异，2000年意大利也采购了6架MQ-1B型"掠食者"无人机，后来又追加采购了5架。此外，2004年英国还向美国

▼"掠食者"无人机修长的外形更有利于低空持续飞行。

▲挂载"地狱火"导弹的"掠食者"无人机。

▲ 正在起飞的"掠食者"无人机，可以看到它采用的是前三点起落架。

空军租借了数量不明的"掠食者"用于伊拉克战场，后来英国也采购了这种飞行器。

法国SAGEM公司曾考虑与通用原子公司合作，以后者的"掠食者"为基础衍生发展成新的型号——"霍鲁斯"（Horus，埃及神话中的太阳神），用于参与"欧洲中空长航时（EuroMALE）飞行器"项目的竞争，但最后该计划流产。

除军方外，"掠食者"系统还广泛为美国边境巡逻部门、海关以及NASA等部门使用。这些民事和执法部门所属"掠食者"无人系统的控制中心分别设于大福克斯郡及北达科他州等。从2009年2月16日起，由"掠食者"飞行器组成的机队开始执行美—加边境的巡逻和监视任务。

2009年，通用原子公司发布了采用喷气式引擎的"掠食者C"型飞行器[以往也称为"复仇者"（Avenger）无人机]，该机于当年4月4日试飞。与原先采用螺旋桨推进器的"掠食者"相比，C型机的性能出众，能携带更多武器。据通用原子公司称，由于优化了机体外形设计并涂覆了隐形涂料，引擎尾喷口采用扩散冷却液，它也拥有对热辐射和雷达反射的低可探测性能。其性能参数如下：翼展20米、机身长12.5米，最大升限18300米，最大速度超过740千米/时，续航

▶ 为了增加巡航距离，"掠食者"无人机通常也会挂载副油箱，但这样做会牺牲有效载荷。

时间超过 20 小时（巡航速度飞行时）。它的动力系统采用一台加拿大普惠公司生产的 PW545B 型涡扇发动机，机体采用内置式武器舱，可容纳 120 千克级武器。据推测该机极可能大量配备"小直径炸弹"（SDB），其武器舱也可配备其他大型侦察设备组件，配备这类负载时，武器舱舱门将被移去。2009 年，美国海军协会展上展出了"掠食者 C"型机的图片，该图片显示"掠食者 C"具有舰尾钩，其机翼可折叠，表明它具备上舰的能力。2010 年 2 月，最新消息称喷气型"掠食者"已有了第一个买家，但具体是哪个军种未披露。

▲ 在沙漠中巡航的"掠食者"无人机。

3 >> RQ-2 "先锋"（Pioneer）

RQ-2 型"先锋"无人系统是美国 AAI 公司获得以色列飞机工业公司（IAI）授权后生产的无人飞行器，它也是美国武装力量在越南后拥有的第一种现代意义上的无人系统。早在 1985 年，美国海军就以极快的速度采购了这型系统，其最主要的原因是海军对以色列在 1982 年黎巴嫩战争中运用的这种飞行器印象深刻。1986 年，"先锋"无人系统正式服役，在其服役的十年间，"先锋"机群总共飞行了约 1.4 万小时。

▲ RQ-2A "先锋"无人机，该型飞行器曾于 1991 年海湾战争中从"威斯康星"号战列舰上起飞执行任务，任务包括评估战列舰火炮对法拉卡（Faylaka）岛上敌方目标的毁伤情况，在其低飞掠过目标区时，甚至还拍到了附近的伊拉克士兵发出的投降信号。图中为 RQ-2A 陈列于国家航空航天博物馆。（诺曼·弗里德曼）

"先锋"飞行器性能参数

翼展 5.12 米、机身长 4.24 米，最大起飞重量 210 千克，续航时间约 6.5 小时，实用升限 4570 米，最大飞行速度 202 千米 / 时（俯冲时）、巡航速度 120 千米 / 时、失速速度 96 千米 / 时，续航时间 3.5 ~ 4 小时，其动力装置采用一台 17 马力的 SF2-350 型活塞内燃引擎。机体负载为昼间彩色 CCD 照相机，或是换用一部前视红外成像仪。1998 年时陆战队曾为其负载升级，换用了分辨率更高的红外装置及照相机。

1986年1月7日，海军共采购了3套该型系统（共21架飞行器），其中2套配备于大型舰只，1套交付给陆战队使用。当年6月第一套系统正式交付。1987年，海军再次追加采购了2套系统，次年又买了4套。1987年1月，海军"衣阿华"级战列舰在中美洲海域巡航时部署了其第一套"先锋"无人系统，海军希望该飞行器能为战列舰提供基于图片的侦察和监视能力。除了大型战列舰外，该系统也可用于同样拥有宽大甲板的两栖登陆舰，在这类舰只上起飞多采用弹射器，回收则利用巨大的网兜。1991年海湾战争期间，"先锋"无人系统随海军一同参战，共飞行了约300次战斗任务。后来，在美国多次对外干涉的军事行动中，例如海地、索马里、波斯尼亚等地，都留下了"先锋"飞行器的身影。在1990年前，海军总共采购了9套"先锋"无人系统，每套系统含8架飞行器。在使用过程中，暴露出"先锋"系统的缺陷，主要是机上设备抗电磁干扰能力较差，以及舰上回收困难易造成飞行器损坏等，而这可能也是海军后来并未为其舰队大规模普及该机的原因。尽管存在着种种问题，但海军的"先锋"系统还是比预期服役了更长的时间。1994年，海军为补充损失的飞行器，再次采购了30架飞行器。2003年伊拉克战争时期，第一陆战师入侵伊拉克时就曾拥有16架"先锋"无人机，用于作战支援。在后继的费卢杰战役行动中，"先锋"无人机也曾广泛参与行动。

"先锋"系统在伊拉克战场服役的最后阶段，陆战队曾公布了该系统的服役数据，在整个机群最后的1045个飞行时数中，只发生了一起故障；在伊拉克战争期间，陆战队的"先锋"无人机共飞行了62373小时，平均每123个飞行小时会发生一次故障，平均每472个飞行小时会损失一架飞行器。

4 >> RQ-3 "暗星"（Dark Star）/"臭鼬"（Polecat）/ RQ-170 "哨兵"（Sentinel）

　　"暗星"无人系统由大名鼎鼎的洛克希德·马丁公司臭鼬工厂与波音公司联合开发。该机型最初作为公司参与国防部"蒂尔Ⅲ-"高空长航时飞行器竞标的样机，该项目由 DARPA 联合无人飞行器项目办公室资助。后来虽然该项目于 1999 年 2 月被取消，但它对未来隐形无人侦察飞行器的开发进行了探索和研究，当时所取得的不少成果至今仍具

"暗星"性能参数

　　翼展 21.03 米、机身长 4.572 米，机身宽约 3.658 米，其起飞重量约 3900.89 千克（空重 1977.66 千克），其传感器及航电设备位于机体下部的舱室内；负载能力约为 453.59 千克，最大速度（也是巡航速度）为 555 千米/时、巡逻速度约 240 千米/时；续航时间约 12 小时、任务半径超过 921 千米；实用升限限约 19800 米。动力装置采用一台威廉姆斯研究所的 FJ-44-1A 涡扇喷气引擎（861.82 千克推力），起飞滑跑距离 1220 米。

▼陈列于国家航空航天博物馆的"暗星"无人飞行器。（诺曼·弗里德曼）

备相当前瞻性。"暗星"也是 DARPA 第一个开发进展到生产出可试飞的原型机，尔后因种种原因而遭到取消的无人机项目。有关"暗星"的先进程度，有传闻说，其诸如最大升限、续航性能、信号特征等技术性能特征，须一整张纸才能写下。1994 财年时，"暗星"样机的单价达到 1000 万美元；到 1999 财年时，DARPA 评估认为"暗星"的单价达到 1370 万美元，同时期的"全球鹰"无人战略侦察机的单价则为 1480 万美元。"暗星"这一项目名称也暗示了更强调其低可探测性能。它采用无尾式机体结构，据称隐形性能非常优异，可见其主要用于深入敌国纵深进行战略侦察。相比之下，作为补充的"蒂尔 II+"无人飞行器项目则更注重航程、续航能力等特征，实际是用于危险不大的侦察环境。在搭载负载方面，"暗星"的负载能力不如"全球鹰"，它只能从光电 / 红外传感器组以及雷达中任选一项搭载，而后者则可同时搭载两种负载。"暗星"飞行器首飞于 1996 年 3 月，但在同年 4 月进行的第二次试飞中由于样机飞行控制软件出现故障而导致坠毁。1998 年，"暗星"系统正式取得军方 RQ-3 军用编号，但很快由于预算问题该项目在 1999 年 1

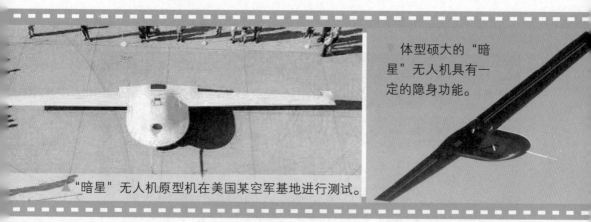

体型硕大的"暗星"无人机具有一定的隐身功能。

"暗星"无人机原型机在美国某空军基地进行测试。

▲ 低空巡航实验中的"暗星"无人机。"暗星"的气动设计使其拥有优秀的高空飞行性能，但低空飞行机动性不足。

月被取消。

在美国一直有人认为"暗星"项目实际上比公布的时间更早就已开始研制了，就像极度机密的臭鼬工厂的其他产品一样。而成为"蒂尔 III-"高空长航时飞行器项目后，表明它可能已从黑暗的幕后走向前台，也意味着洛克希德·马丁公司有了更需要保密的项目和技术。之后"暗星"还参与了无人先进航空侦察系统（AARS）项目的开发。据称，该公司早年曾花费 100 万美元开发的、在冷战末期被取消的"石英"（Quartz）隐形无人飞行器实际并未真正取消，在"暗星"项目于 1999 年被取消后，"石英"飞行器项目重启。

2003 年夏，空军官方宣称洛克希德·马丁公司臭鼬工厂已继"暗

▲ 正在进行地面发动机动力测试的"暗星"无人机。

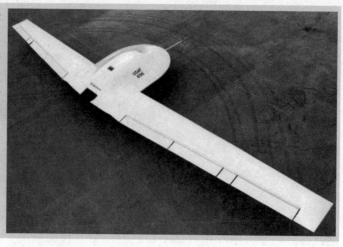

▶ "暗星"无人机拥有完美的飞翼和平直机翼设计，非常有利于长时间隐身飞行，执行侦察和攻击任务。

星"后开发了新的隐形无人侦察机。据称，在 2003 年伊拉克战争期间，这种隐秘的飞行器曾对伊拉克进行过秘密侦察飞行，猜测认为新飞行器的负载能力不及 U-2，航程不及"全球鹰"，但其耗费的资金却几倍于这两者。这种神秘的飞行器可能就是传闻中的"臭鼬"（Polecat），2006 年 6 月 19 日，它曾在巴黎国际航展上展出过图片。与"暗星"的外形不同，"臭鼬"更像 B-2 的飞翼式机体，根据其尺寸推测它可能也是一种多用途的无人飞行器（既可侦察，也可攻击）。公司在提及"臭鼬"样机时称，它只是技术验证平台，并非用于作战的机型。2006 年 12 月，"臭鼬"在完成 3 次试飞后坠毁于试飞场。但是在 2007 年，一家法国杂志公布了一张据称是拍摄于当年阿富汗坎大哈的飞行器图片，图片中明显看到有一架飞翼外形的无人飞行器从空中掠过，这极可能就是"臭鼬"或其衍生型号。另外流传的一张照片中，一架外形不明的飞行器正在跑道上滑行，其机翼上方有两个凸起包块，据推测这也可能是"臭鼬"为数不多的照片，两块凸起很可

▲ 正在进行飞行试验的
"哨兵"无人机。

能就是其引擎,图片中其尾喷口只有一个。目前从关于这种神秘机型的少数几张照片中可推测出它采用双发、飞翼式机体,三点式可收放起落架,无垂直尾翼,具体尺寸数据不详。由于其太过隐秘,有时也称其为"坎大哈野兽"。

2009年12月,空军承认这一秘密项目及飞行器的存在,同时给出的信息还有它的军用编号RQ-170"哨兵"(也有报道称其编号为RS-170),至于更多详细的细节则以涉及国家安全为由闭口不提。无论是RQ-170还是RS-170,这一编号都与现有无人飞行器标准编号序列不符,有推测认为,可能也像F-117一样,一些机密开发项目会采用随

◀ 正在起飞的
"暗星"无人机。
"暗星"可以像一般的有人飞机那样从机场起飞。

▶ 正在进行高空飞行测试的"暗星"无人机。

机数字序号来命名。当然还有猜测认为，空军已使用这种隐形飞行器以阿富汗为基地对伊朗和巴基斯坦进行了秘密侦察。

根据 1997 年国防部无人飞行器的报告，"暗星"采用了与"全球鹰"相同的数据链，尽管现在看来此数据链的传输速率并不高。"暗星"的几个传输波段为：UHF 波段卫星（4.8/1.2 和 2.4 kbps）、X 波段 [通用数据链：高至 137Mbps（84 可用）下行链路，200kbps 控制链路] 和 Ku 波段卫星（1.54Mbps 下行）。工作在 UHF 波段卫星模式时，在同一半球内的所有飞行器用户必须共享所有的 UHF 卫星链路，1.2kbps 模式将可由三架飞行器共享，单架飞行器时可使用 2.4kbps 模式用于空中飞行管制。相比之下，"全球鹰"使用 48 而非 84Mbps 的通用数据链（下行传输时），但是它也能在 UHF 波段卫星信道时使用 9.6kbps，并在 Ku 波段下行链路增加到 48Mbps。根据其所具有的更高的数据传输率推测，其卫星天线尺寸较大。

5 >> RQ-4 "全球鹰" (Globa lHawk) / "欧洲鹰" (Euro Hawk)

"全球鹰"无人战略侦察机是作为 U-2 的替代者问世的,尽管两者间的差别相当大。美国空军希望这种飞行器能永远地取代有人战略侦察机。老式 U-2 使用胶片照相机,只能获取较大区域范围内的概略性图像,在 20 世纪 90 年代之前电子设备仍未得到充分发展的时代,各国侦察机都是这样。从侦察手段上看,U-2 获得目标图像后得在返回后方基地后才能将胶片转化为可供辨读的照片,再由专业分析人员进行判读。时代的发展和技术的进步,赋予了侦察更具现代的意义,"全球鹰"通过数据链在获得侦察结果的同时,就将这些结果传输回

"全球鹰"性能参数

翼展 35.4 米、机身长 13.5 米,起飞重量 1.211 吨、负载 907 千克,最大航程 22100 千米,最大续航时间达到 35 小时,最大升限 19800 米,巡逻速度约 632 千米/时。其动力装置采用罗尔斯—罗伊斯公司的 AE3007H 型涡扇喷气引擎。

◀"全球鹰"无人飞行器,通过旁边站立的人群更突显其庞大的体形。(诺斯罗普·格鲁曼公司)

▲ 迎着朝霞准备起飞执行侦察任务的"全球鹰"无人机。

后方。最初有争议认为"全球鹰"缺乏非光学传感器，在面对新的同样重要的电子情报时将不再有效，而很多大型电子飞机已能从很远的距离外接收微弱的电磁信号，这将使"全球鹰"这类侦察机逐渐过时。但是从另一角度看，只要人类还存在着争斗，清晰照片所提示出的事实，就永远不会被取代。认为照相侦察过时的看法，完全是个伪命题。

1995 年春，在雷恩/E 系统公司团队被选择负责当时称为"蒂尔 II+"项目需求论证时，这种高空长航时的战略型无人系统也开始了研究。后来这家公司并入了诺斯罗普·格鲁曼公司，连同"全球鹰"项目一起带给了该公司。经过三年的开发，1998 年 2 月"全球鹰"原型机开始首飞，由于性能优良，在美国内根本没有可与之竞争的机型，美国空军很快就决定采购这种大型无人系统，并成为其第一个客户，系列化量产被列入了 2002 财年计划。之后，美国三军陆续采购大量"全

▲ 正在进行试飞的"全球鹰"无人机。由于装备了更为先进的喷气式发动机,"全球鹰"无人机可以在更高的高空中进行侦察任务。

球鹰"系统,至2009年,空军计划使该机型的保有量达到78架。2009年"全球鹰"成为美国联邦航空局（FAA）批准的第一种可在北美空域采用自动飞行控制的无人飞行器。空军也对"全球鹰"的性能赞不绝口,甚至将其视为U-2、SR-71等老式侦察机的当然替代品。就在

▲ 正在进行高空巡航的"全球鹰"无人机。

▲ "全球鹰"是美国现役的最先进的高空无人侦察机，可以长时间滞留在高空中进行高空侦察和监视任务。

"全球鹰"成功试飞后不久，2002 年 5 月，该机型首次参加了"链接海（Linked Sea）00"演习，飞越大西洋前往欧洲演习区域。由于"全球鹰"率先采用先进的卫星数据链，使其地面控制设备可永久性地位于国内，而操作其活动的区域则遍及全球。在此次演习中，空军首次演练了在国内对远在欧洲的"全球鹰"进行操作，为演习中的舰只、飞机提供大量侦察情报，取得了显著的效果。更早之前，2001 年 4 月，一架"全球鹰"飞行器飞越 13800 千米抵达澳大利亚，向澳军方显示了它的防务价值，后来澳政府决定采购"全球鹰"与这次展示不无关系。在"持久自由"行动中，"全球鹰"共执行超过 60 次侦察任务，总飞行时数累计超过 1200 小时；在"自由伊拉克"行动中，"全球鹰"的出勤次数只占到空军同类高空侦察出动架次的 5%，却提供了超过 55% 的时敏

◀"全球鹰"无人机的设计初衷是为了替代成本过高的U-2有人侦察机，但实际上仍无法达到有人侦察机的侦查能力。

目标图像（可直接用于攻击行动），其具体侦察成果包括：定位了超过13个完整的地空导弹单元、50个地空导弹发射点、70辆地空导弹运输车、300余个地空导弹发射架、300余辆坦克装甲车（约占伊军总装甲车辆的38%）。要注意的是，"全球鹰"出勤的绝对次数并不多，是因为它的滞空性能与有人战机相比更为突出，如此一来，它出勤一次相当于有人侦察机连续出动数架次。

为了进一步增强"全球鹰"的续航能力，将其打造成真正无须落地的全球之鹰，美国空军自其服役后就一直在寻求为其空中加油的技术。由于"全球鹰"尺寸较同级侦察机小很多，空军传统的大型加油机为其空中加油时存在诸多不便，因此空军授权诺斯罗普·格鲁曼公司启动了无人飞行器空中加油项目研究，初步计划是利用民用"利尔"喷气（Lear Jet）系列飞机作为加油机，专门为"全球鹰"加油。2010年新加坡国际航展上，诺斯罗普·格鲁曼公司称已成功地试验了利用"利尔"喷气机为"全球鹰"进行空中加油，整个加油过程完全自动进行，无人机接近加油机的环节步骤甚至比有人战机还要准确。由于此项目由诺斯罗普·格鲁曼公司完成，也有推测认为该公司是在为其 X-47B 无人空中作战系统未来的空中加油能力铺路。

▲ 得益于其航程和高空飞行能力，"全球鹰"无人机可以在全球范围内执行任务，"全球鹰"的名字恰如其分。

2008 年 4 月，美国海军采购了"全球鹰"无人系统，主要将其用于海军的"广域海上监视"项目。此外，它还被海岸警卫队采用，应用于类似的平行项目——"深水"（DeepWater）。2007 年，澳大利亚也成为美国"广域海上监视"项目的伙伴国，但后来由于预算问题而减少了参与程度。"全球鹰"无人系统在竞争"广域海上监视"项目时，打败了波音公司提供的无人化"湾流 G550"飞行器（2003 年，湾流公司也提出备选的有人驾驶巡逻机的方案，但被否决），该飞行器的军用编号为 RQ-37，或波音 BAMS 550 无人系统。为与诺斯罗普·格鲁曼公司竞逐该项目，波音专门改进了 ARY-10 海事雷达，缩小了它的体积，使其能够安装到较小型的"湾流 G550"飞行器上，该雷达曾被海军采用（主要装备于 P-8 巡逻机）。在设备使用的连续性及可靠性方面，波音公司的"湾流 G550"飞行器较具吸引力。与"全球鹰"相比，"湾流 G550"明显要大上很多，其性能参数具体为：翼展 28.5 米、机身长 29.4 米，全重 4.1277 吨，但其续航时间只有约 15 小时。后来，以色列飞机工业公司曾以"湾流"喷气机为基础，将其改装为无人驾驶版本，安装了

"费尔康"（Phalcon）早期预警系统，其续航能力远超过同型号有人驾驶机型。此外，波音公司的"湾流 G550"单机价格达到 3500 万美元，超过"全球鹰"广域海上监视型的 2500 万美元，种种因素都意味着"全球鹰"能在此项目中胜出。

RQ-4B 是 Block 20 型，与 Block 10 型相比，其机体略大。RQ-4B 配备有雷声公司的传感器组件，其翼展 39.9 米、机身长 14.5 米，巡逻速度约 571 千米 / 时，最大续航时间约 36 小时。德国在"欧洲鹰"项目框架下采购了 5 架这种机型，传感器组改为 EADS 公司的产品，预计第一架飞行器将于 2012 年交付。其内部负载能力提升到 1360.78 千克，舱外传感器供能功率达到 Block 10 型的 2.5 倍，据推测可能与 EADS 公司的传感器组较为耗电有关。这一版本的"全球鹰"采用开放式的系统结构，起飞重量约 14.628 吨，首架 Block 20 型飞行器于 2007 年 3 月 1 日试飞。

▼ 美军在本土基地集结的"全球鹰"无人机。

▼ "全球鹰"的硕大的机头内装备了先进的侦查雷达、卫星天线及大量的电子设备。

▼"全球鹰"的原型机正在进行飞行试验。

"全球鹰"Block 30型飞行器具有更大的负载能力，专门设计用于搭载"机载信号情报负载"，用于战略电子情报收集。2009年年底，Block 20/30型飞行器已完成试验和评估。西班牙已明确希望采购5架此型"全球鹰"。

"全球鹰"Block 40型飞行器主要搭载公司的"多平台雷达技术增强项目"（MP-RTIP）传感器组，目前美国军方已定购12架。由17国组成的北约集团也在"联合地面监视"（AGS）项目框架下采购了8架此型飞行器，预计该AGS项目于2012年启动。

RQ-4N是"全球鹰"的海军版本，海军主要用于其"广域海上监视"项目，预计要完成整个项目构建，海军将采购68架飞行器及6套系统（部署于航母编队）。第一架该型飞行器于2012财年试飞，整套系统将于2016财年形成作战能力，至2019财年时所有飞行器和系统交付完毕。

◀"全球鹰"在高空飞行的CG构想图，可见"全球鹰"优秀的高空飞行能力。

6 >> RQ-5"猎手"（Hunter）/EX-BQM-155/ MQ-5B

　　"猎手"无人系统最初由以色列于 20 世纪 80 年代开发，被美国引进后由诺斯罗普·格鲁曼公司生产，军用编号为 RQ-5"猎手"。联合项目办公室（专为管理军方联合无人飞行器开发而组建）将其作为短程无人飞行器进行开发，机型于 1988 年立项。1990 年，在国防部举行的招标中，"猎手"击败了科学 / 麦克唐纳公司的"天空眼"（SkyEye）飞行器，为军方所采用。它首飞于 1991 年，最初计划生产 50 套系统（每套系统含 4 架飞行器）。同时陆军在 1993 年与公司签订了小批量试生产

"猎手"性能参数

　　翼展 10.44 米、机身长 6.9 米，起飞重量 885 千克（负载 100 千克，燃料约为 126.8 千克），续航时间约 21.3 小时，任务半径超过 250 千米（用于通信中继时），俯冲速度约 202 千米 / 时、巡航速度 110 ~ 147 千米 / 时，实用升限约 6100 米。其动力装置采用两台 55 马力的 3 缸内燃引擎，机体由两具螺旋桨推进器驱动，燃料采用 JP8 型航油。

◀"猎手"无人飞行器在海军"埃塞克斯"号（LHD-2）两栖攻击舰甲板上进行试验。（美国海军）

▲ 挂载了地狱火对地攻击弹药的猎手无人机。

合约（共生产7套系统），但是，对它的数据链以及机体无法通过战术运输机输送也不满意。此后对该系统的进一步试验中暴露出更多的问题，采购于1996年被中止。但是，由于缺乏其他可供选择的产品，美国三军还是采用了它，用于评估作为无人通信中继飞行器以及进行空中电子战平台的可能性。1999年巴尔干危机期间，8架"猎手"飞行器被运抵阿尔巴尼亚驻马其顿地区，用于支援"联合力量"行动（针对塞尔维亚的空中战役）。整个任务期间，"猎手"共完成281次任务，2架飞

◀ "猎手"无人机正在山区进行侦查监视任务，这也是"猎手"无人机在阿富汗地区执行的主要任务。

◀ 在野外作战环境下，"猎手"无人机通常采取火箭助推式起飞。

行器严重损毁后被运返美国。2002年，美国陆军开始利用"猎手"飞行器试验投掷声响制导的"卓越反坦克弹药"（BAT）。在2002年10月的试验中，"猎手"利用这种弹药击毁了三辆装甲车辆，其中一次甚至直接掀翻了目标坦克的炮塔。2003年伊拉克战争期间，"猎手"飞行器被部署到中东，到2004年夏时，陆军的"猎手"飞行器已累计飞行了3万小时。截至2009年10月，在美国三军服役的"猎手"系统累计飞行时数超过8万小时，其中5.3万小时在作战行动中。当时，在伊拉克和阿富汗都部署有该型系统。

◀ "猎手"无人机也可以像有人固定机翼飞机一样在跑道滑跑起飞。

▲ "猎手"无人机的地面控制系统。

MQ-5B 是 "猎手" 的一种改型，它试飞于 2005 年 8 月，换装了柴油引擎并可装载更多燃料，此外还升级了航电设备（包括自动起降系统），其主翼下也加装了武器挂载点（最大可挂载 60 千克级武器）。之后，美国陆军和比利时军方采购了 MQ-5B 系统。2007 年 9 月，一架 MQ-5B 采用诺斯罗普·格鲁曼公司开发的 GBU-44/B "毒蛇"（Viper）打击系统击毁了一个伊军目标，这也是该机型第一次在实战中成功攻击目标。2008 年 11 月，陆军再次采购 12 架 MQ-5B 飞行器，外加 6 套 BlockII 型地面控制站以及 8 套战术通用数据链系统。

虽然通过不断改进，"猎手" 无人系统的效能逐渐为军方所接受，但在大量使用过程中，也暴露出其航程过短、续航能力有限的致命缺陷。2005 年，陆军决定以体型更大的 MQ-1C 替换老式的 "猎手" 系统，未来只保留 15 架飞行器用于搭载 "绿镖"（Greendart）信号情报收集系统。

2009 年 10 月，诺斯罗普·格鲁曼公司称已为陆军装备的 "猎手" 系统换装了新的自动起降系统，替代

▲ 为了适应伊拉克地区的作战任务，美军为 "猎手" 无人机加装了化学武器探测装置。

▲ 一架正在进行检修的"猎手"无人机。

了早期系统中用于起飞和降落的"外部驾驶"（EP）设备。

2005 年 3 月 17 日，诺斯罗普·格鲁曼公司新开发的名为"持久猎手"（Endurance Hunter）的"猎手"最新改型成功试飞，它被称为"E-Hunter"，军用编号为 MQ-5C。这一项目也作为陆军与诺斯罗普·格鲁曼公司持续合作拓展"猎手"系列飞行器航程的一部分。新机型的主翼增长至 16 米，尾翼也进行大幅改动，其续航时间延长至 30 小时，最大升限也增高超过 6100 米。诺斯罗普·格鲁曼公司开发一套改装组件，普通"猎手"利用此组件可在 3 小时内完成转换成为续航能力更强的"持久猎手"。这套新的主、尾翼也是诺斯罗普·格鲁曼公司为陆军新开发"猎手 II"飞行器所使用的主尾翼（后来，陆军并未选择"猎手 II"系统，而是选择了以"掠食者"为原型的"天空勇士"系列无人系统）。而且在"持久猎手"换用重油引擎后，其续航能力进一步延长至 40 小时，升限也提高到 7620 米。要注意的是，早在 1996 年，以色列飞机工业公司和 TRW 公司也曾公布了一个"猎手"飞行器的改进计划，当时也称为"E-Hunter"，这款机型是将"猎手"飞行器的机体与"苍鹭"的机翼、尾翼等

▲ 经过现代化改装后的"猎手"无人机将在美军中服役更长的时间。

组合在一起而成，其性能参数具体为：翼展 15.24 米、机身长 7.52 米，起飞重量 954 千克（负载 114 千克），续航时间约 25 小时，航程为 200 千米，飞行速度约 195 千米 / 时，升限

▲"猎手"无人机正在进行飞行训练。

为 6100 米，其动力装置采用一台 68 马力的活塞内燃引擎。

与十几年前的"E-Hunter"相比，诺斯罗普·格鲁曼公司参与陆军竞标的"猎手 II"性能参数如下：翼展 16.8 米、机身长 9.3 米，起飞重量 1495 千克（仅用内部负载舱 136 千克，外部负载 318 千克），续航时间在 300 千米航程时约 29 小时，最大飞行速度 300 千米 / 时、巡逻速度 110 ~ 147 千米 / 时，实用升限约 8500 米。"猎手 II"主翼下也具有硬挂载点，可挂载多种弹药，例如第 5 级航空弹药和武器。

根据以色列飞机工业公司于 2009 年中期发布的一本 MQ-5B 手册称，以军装备的"猎手"系列飞行器截至当时已累计飞行愈 6 万小时。考虑到它的设计特点，公司称"猎手"系统是一种相对安静的无人飞行器，并指出除了常规的光电传感器外，"猎手"还支持通信情报和电磁情报收集传感器或通信中继组件，虽然它采用视线内直线数据链传输模式，但通过空中（另一架无人机）或地面中继，也可有效拓展数据传输范围。

▲"猎手"无人机正在投掷精确制导弹药。

7 >> RQ-6A "警卫" （OutRider）

　　RQ-6 系列 "警卫" 无人系统是美国陆军及陆战队采用的 "战术无人飞行器" （TUAV），或者也叫 "机动无人飞行器" （MUAV），它由阿连特技术系统公司（Alliant Techsystem，ATK）研制开发。军方采购后主要配备陆军旅一级部队及陆战队空中 / 地面特遣部队使用。该飞行器起源于一项由 PEO 巡航导弹和无人飞行器公司资助的 "先进概念技术

"警卫" 性能参数

　　翼展 4 米、机身长 3.3 米，最大起飞重量超过 227 千克（负载 27 千克），最大飞行速度（俯冲）221 千米 / 时、巡航速度约 166 千米 / 时、巡逻速度 110 ~ 138 千米 / 时、失速速度约 59 千米 / 时，任务半径超过 200 千米，续航时间 2 ~ 3.6 小时，最大升限 4570 米，其动力塔位于机首下侧，采用一台 4 缸重油迈科络（McCulloch）4318F 内燃引擎。

◀"警卫" 无人系统是一种并不成功的三军联合无人飞行器开发项目，其所采用的并不常见的前后联合翼设计后来也在少数飞行器上采用。（阿连特技术系统公司）

演示"（ACTD）项目，这也是一项三军联合开发和采购的无人飞行器项目，相关交易备忘录签订于 1995 年 12 月 21 日。当时，军方要求开发商研制一款航程约 200 千米、采用 GPS 导航、配备光电／红外传感器组并且发现目标后能迅速上报的无人系统；还要求整套系统分拆后可由两辆通用悍马车输送，同时单套系统在不经准备条件下也能通过 C-130 战术运输机输送，在数据链失效的条件下飞行器可自动飞返发射地点。"警卫"飞行器的设计基于任务技术公司的"地狱狐"（HellFox）飞行器，后者于 1995 年试飞。1996 年 5 月，阿连特技术系统公司获得陆军、陆战队及海军总共 6 套系统的采购合同。最初，样机完成后的试验飞行显示，这套战术无人系统较为有效，但存在着无法满足不同军种不同需要的情况，例如，海军希望获得一套垂直起降的无人系统，空军却嫌它航程过短。事实上，军方曾希望用该系统替代先前采购的"猎手"系统，但在小规模试用过程中暴露出的种种缺陷和不足使各军种对它都不甚满意，最终该机型没有量产，并于 1999 年被中止。它所采用的联合翼技术出现在后来的"破坏者"（Buster）飞行器上。

　　"警卫"飞行器采用联合型主翼（机身具有两副主翼，一前一后配置于机体两侧，其中后侧主翼安装位置低于前侧主翼，两副主翼翼端被连接固定）配合 T 形尾翼、三点式起降架的结构布局，引擎驱动的螺旋桨推进器位于机体后部。

8 >> RQ-7 "阴影"（Shadow）

　　RQ-7型"阴影"无人系统是由美国AAI防务系统公司为陆军开发的旅级无人飞行器。早在1999年12月，AAI公司就得到军方首肯加速开发这种战术无人飞行器，陆军也将开发合同授予了AAI公司及其"阴影200"型无人系统。但实际上，"阴影"飞行器只是一种改进增强型的"先锋"飞行器。当时，陆军的性能需求要求"阴影"飞行器采用汽油引擎、配备有光电/红外成像传感器，最小航程要超过50千

"阴影200"（RQ-7A）性能参数

　　翼展3.89米、机身长3.41米，起飞重量149千克（负载27.2千克），续航时间超过5小时，最大速度225千米/时，实用升限约4570米。

　　RQ-7B型飞行器性能参数如下：翼展4.27米、机身长3.75米，起飞重量170千克（负载45千克），续航时间5～7小时、巡航速度202千米/时、巡逻速度110～129千米/时，实用升限为4570米，其数据链传输距离为125千米，动力装置采用一台38马力的活塞式内燃引擎。

◀一架部署于伊拉克的"阴影200"无人系统正在作起飞前准备，图片摄于2004年9月24日。（美国陆军）

米，同时续航时间不得小于4小时。很快，陆军与AAI公司签订了小批量试生产合同，要求在2001年3月前向军方交付4套系统，2002年3月前再交付

"阴影"无人机正在进行高速飞行测试。

1套。由于即将参与对伊拉克的大规模军事行动，2002年12月27日，陆军与AAI公司签订了规模量产的合同，紧急向军方大量提供这种战术无人系统。当年，RQ-7是第4步兵师（驻胡德堡）率先配备的旅级无人飞行器，次年随该师部署到伊拉克。2006年，陆战队也决定采购这种战术无人系统来替代老式的RQ-2无人系统，计划采购6套，第1套系统于2007年10月交付。

每套系统含4架飞行器及相应的地面设备，2008年陆军开始对现役"阴影"系统进行升级改造，升级包括为飞行器换装重油（JP8航油）引擎，增加机体油量储量，换用更长的主翼和尾撑。任务负载方面，换用了以色列飞机工业公司开发的高分辨率光电/红外传感器，一些飞行器还安装了战术通用数据链，有的飞行器甚至还可空投9千克重

"阴影400"性能参数

翼展5.15米、机身长3.82米，起飞重量211千克（负载30千克、空重147千克），续航时间约5小时，巡航速度约202千米/时，实用升限3660米，数据链传输距离200千米，其动力装置与200型飞行器相同。

◄一名美军技术士官正在调试"阴影"无人机。

▲"阴影"无人机从滑轨上起飞的瞬间。

医疗急救包。

现在美军中服役的"阴影"系统主要是RQ-7B系统，它是2004年8月后生产的产品，其主翼比原机型主翼长0.9144米，且机翼内部空间也可容纳燃油，这使整机的续航时间增加到6小时，负载能力增加到45千克。其航电设备也得到提升，新的机翼除容纳燃油外还配备了高性能战术通用数据链。根据2009财年预算，陆军的目标是采购约83套"阴影"系统，陆战队则希望采购8套。

目前，陆战队正计划开发或采购新的无人系统来替代服役中的"阴影"系统，预计于2016年获得新的系统。陆战队要求新系统能够携带武器，具有更高的速度（超过450千米/时）和更大的负载（725千克）。据称陆战队希望新飞行器具有垂直起降或短距起降能力，甚至还要能遂行EA-6B"徘徊者"电子战飞机所执行的电子攻击任务。

2006年，波兰军方成为该系统的首个海外用户，根据联合国军备

"阴影600"性能参数

翼展6.83米、机身长4.8米，起飞重量265千克（负载41千克、空重207千克），续航时间12～14小时，巡航速度约199千米/时、巡逻速度138千米/时，实用升限5120米，数据链传输距离200千米，其动力装置采用一台52马力的汪克尔（Wankel）内燃引擎。

◀一名美军士兵正在运送一架"阴影"无人机,可见"阴影"无人机体型较为小巧,便于灵活部署。

交易记录显示,美国曾以援助的名义向波兰军方提供了30套该系统,据估计可能是"阴影600"型系统。该系统也曾出售给土耳其和罗马尼亚军方(罗军方驻伊部队配备有3套"阴影"系统)。2010年1月,国防部长盖茨宣称将向巴基斯坦军方提供12套"阴影"无人系统。

AAI公司后来还开发过"阴影1200"型系统,但军方和外国客户并未采用。

▶"阴影"无人机正准备在滑轨上弹射起飞。

9 >> RQ-8/MQ-8 "火力侦察兵"（Fire Scout）/ XM-157

　　海军最早大规模采用了"先锋"无人系统，但随着时间的推移急需一种性能更好的产品来替代它，这也是海军采购 RQ-8 "火力侦察兵"无人系统的初衷。由于"先锋"不具备垂直起降能力，限制了它在中小水面舰只上的使用，对于新替代机型，海军强烈要求具有这种能力，此外还要求负载达到 30 千克、航程约 200 千米，升限须达到 6100 米，

▼"火力侦察兵"系统运行示意图。可以说有了这款无人机将加快美军信息化的进程。

▼ 2005 年 7 月 25 日，一架 "火力侦察兵" 无人直升飞行器在犹马（Yuma）试验场发射 2.75 英寸火箭。（诺斯罗普·格鲁曼公司）

续航时间要超过 3 小时；另外，由于上舰需要，新机型还要能在 46.7 千米 / 时的环境风速下正常操作，系统的平均故障时间不得低于 190 小时。最终，共有三家公司——贝尔、西科尔斯基以及雷恩—施瓦茨（Ryan-Schweizer）公司（后并入诺斯罗普·格鲁曼公司）参与海军的竞标。2000 年春，雷恩—施瓦茨公司击败另两家公司，成为海军新无人直升系统的开发商。

　　RQ-8 系列无人直升飞行器是由雷恩—施瓦茨公司的三人直升机 330SP 型发展而来，而 330SP 最初又源自休斯 300 型轻型直升机。RQ-8 飞行器除基本采用了 330SP 的设计外，为适应无人化的要求，重新设计了机体、供油系统及机载航电设备，其原型机于 2000 年 1 月首飞完成自动飞行。虽然该机型研发进展令海军较为满意，但到 2001 年

RQ/MQ-8 无人直升飞行器性能参数

　　旋翼直径 8.4 米、机身长 7 米，起飞重量 1428.81 千克（负载 272.16 千克），续航时间约 8 小时（携带基础负载的条件下），飞行速度约 230 千米 / 时，任务半径约 276 千米，最大升限 6100 米，其动力装置采用一台 420 马力的涡轮轴引擎。

12月时由于预算原因，其量产计划被暂时中止。此时，开发工作仍然继续进行，到2003年陆军对其表现出的技术性能也较感兴趣，遂采购了三架飞行器（MQ-8B型）用于评估试验。陆军的这一版本取消了原机型采用的三桨叶主旋翼，代之以四桨叶旋翼，这将利于减少飞行噪声并增加负载能力。海军发现陆军采购MQ-8B后，也采购了8架MQ-8B型用于评估。新机型飞行性能和效果令海军非常满意，很快就开始大量采购。

海军在获得这批无人直升系统后，将其配备到新组建的濒海战斗舰只（LCS）上。濒海战斗舰在装备无人直升飞行器后，将大大拓展其近海水域的反潜作战能力。在近海复杂水域反潜时，RQ-8B将担负精确探测、定位敌方潜艇的任务，之后再用其携带的超轻型鱼雷实施

▼ 夜间起飞的"火力侦察兵"，充分显示了"火力侦察兵"的全天候作战能力。

△ "火力侦察兵"正在沿海地区巡航，该款无人机可以灵活部署在路基和军舰上。

对潜攻击，而濒海战斗舰将作为 RQ-8B 侦察数据融合、分析及整补的平台。在这一反潜构想指导下，海军很快展开海上试验。最初试验在海军"纳什维尔"（Nashville）号上进行，MQ-8B 成功完成了舰上自动起飞和着舰，接着 MQ-8B 又在更小些的"麦金纳尼"（McInerney）号护卫舰上成功起降。2009 年，该舰正式配备 MQ-8B 系统，并立即将其用于近海反毒品行动。陆军在充分评估后，也认可了 MQ-8B 的性能，将它选为陆军"未来战斗系统"中的第 4 级无人机；之后陆军为 RQ-8 系列飞行器指定了军种编号"XM-157"。当时陆军曾计划为其每个旅级战斗部队配备 32 架该飞行器，预计总共将采购 480～560 架飞行器，这批飞行器亦将于 2014 年左右开始服役（但后来未来战斗系统遭削减，2010 年 1 月第 4 级无人机项目被完全终止）。

RQ-8 系列飞行器也可能成为海岸警卫队采购的机种，海岸警卫队原本对贝尔公司的倾转翼无人机"鹰眼"（Eagle Eye）较为满意，但后者在试飞中不断暴露出种种问题，使海岸警卫队转而开始评估 RQ-8。

◀ 部署在军舰上的"火力侦察兵"。

10 >> MQ-9 "收割者"（Reaper）

"收割者"无人飞行器，以往也称为"掠食者B"型，亦由通用原子公司开发生产，通常被人们认为是美军最典型的无人侦察—攻击飞行器。它虽脱胎于"掠食者"，但在经过大量改装和重新设计后，除外形与前者相似外，几乎可算作是另一种飞行器。例如它的起飞重量4倍于"掠食者"，其负载能力达到1700千克，与侧重于侦察的"掠食

"收割者"性能参数

翼展20.1米、机身长11米，全重4760千克（负载1700千克），作战升限15240米，续航时间约28小时，巡航速度约370千米/时。"收割者"所拥有的1700千克负载中，360千克为舱内负载、1340千克为舱外负载，两侧主翼下各有3个硬挂点，其外部挂载点可配备GBU-12/38系列激光制导炸弹，内侧和中部的挂载点则可4枚"地狱火"导弹（4枚弹采用托架束捆在一起，整体挂载在机翼下）。

► 2007 年 10 月，一架"收割者"无人飞行器抵达阿富汗前线机场。（美国空军）

者"相比，"收割者"更可看做是对地攻击无人系统。2007年10月，美军开始将"收割者"系统投入阿富汗战场，次年7月，伊拉克也开始进入其作战范围。值得注意的是，美军部署于中东的"收割者"，以及英军操控的同类机型，其所有空中行动并未在中东前沿的控制中心进行，而是由无人机驾驶员在美国本土内华达州的克里奇（Creech）空军基地通过卫星数据链远程遥控完成。对于这种操作方式，很明显，无人机在战场获取的图像视频情报直接由驻中东的前沿控制中心处理，而且考虑到"收割者"遂行的攻击性任务对操控的要求比"掠食者"更高，还不清楚这是否会对超远距离遥控驾驶产生影响。经过在战场上不断试用，空军启动了多次升级计划，包括为该飞行器加配诺斯罗普·格鲁曼公司的机载信号情报收集负载（主要用于处理窄带

▲ 挂载小型激光制导炸弹的
"收割者"无人机。

宽无线电信号）和可发射的"戈尔贡凝视"（Gorgon Stare）宽域机载监视传感器，这些负载可为控制中心同时提供 12 路视频信息传输。此外升级还包括提升飞行器负载能力、加装除冰装置以及敌我识别器（Mode 5）。

2007 年，"收割者"飞行器正式进入空军服役，2008 财年，空军共采购了 18 架"收割者"飞行器，当时称到 2013 年时采购总计 51 架该型飞行器。2009 年时空军继续追加采购了 9 架。而实际上空军并非该机的首个用户，在 2005 年 12 月时，海军就采购了一架"收割者"用于评估和试验，但后续并未继续采购。此外，英国皇家空军于 2007 年 9 月至 2008 年 7 月期间，也紧急采购了 3 架"收割者"无人机，用于支援在阿富汗作战的英军部队，其中 1 架于 2008 年 4 月坠毁。皇家空军原本希望继续采购 10 架"收割者"，但因预算原因被否决。意大利军方曾采购过 2 套"收割者"系统（仅 2 架飞行器），之后又追加定购了 3 座地面控制站和 4 架飞行器。德国军方也提出了采购 3 座地面控制站和 5 架飞行器的申请，预计很快将交付。除军方用户外，"收割者"系统还被美国海关及边境巡逻部门所采用。

11 >> CQ-10 "雪雁"(Snow Goose)

　　CQ-10 "雪雁" 无人飞行器由加拿大米斯特机动集成系统技术公司（CMMIST）开发，它也是唯一一种专用于空中物资投送的无人飞行器，主要由美国特种作战司令部采用。它采用一副降落伞替代机翼，其基价低于 25 万美元。它可在高达 7620 米高空从 C-130、C-141 或 C-17 运输机上发射。一架 C-130 飞机可载 4 套 "风支持空中投放系统"。该

CQ-10 "雪雁" 性能参数

　　飞行高度 300 米左右，有效载荷 272 千克，续航能力 19 小时，地面起飞时起飞距离为 250 米，动力为一台小型活塞发动机，机翼为一副滑翔伞。

▼ CQ-10 "雪燕" 无人机是美军心理战的重要装备。

▼ CQ-10 严格来说不能算是飞机，只是一种空头部署的滑翔动力伞。

▲ CQ-10 正在执行心理战任务。

无人机系统能在 305 米高度上飞行，可在 1 千米范围的目标区域投放传单。虽然 1 千米的范围似乎相当大，但是比从有人驾驶飞机上人工投放传单更准确。因为有人驾驶飞机是在高空投放传单，而高空投放的一些传单将不会落在地面。据该公司发言人称，该系统比美国特种作战司令部正在使用的"传单炸弹"更精确，比用人在潜在的敌人区域地面散发传单更安全。该系统采用一台螺旋桨发动机作动力并配置一副降落伞，以便留空时间更长和携带更大的有效载荷。当它装载 270 千克有效载荷时，能飞行大约 19 小时。 该系统自主飞行，采用卫星导航，如有必要，飞行员能人工控制它。这种可重复使用的无人机可无跑道着陆。机体上配备有该公司专门开发的"夏尔巴"（Sherpa）GPS 导航侧衬投放系统。"雪雁"飞行器首飞于 2001 年 4 月，并于 2005 年 7 月正式进入特种部队服役。

12 >> RQ-11B "大鸦"

RQ-11B "大鸦" 无人系统由航空环境公司开发，这是一种超轻型的手持投掷发射的无人飞行器，其前身是航空环境公司开发的 "指示器"（Pointer）微型无人飞行器（美特种部队曾采购过这种飞行器）。它也是美军现役装备数量最大的无人飞行器。"大鸦" 系统的研究始于 1999 年，当时航空环境公司向陆军展示了 "指示器" 这类微型无人飞行器如何应用于未来的城市战战场。通过演示陆军接受了该公司

> **"大鸦" 性能参数**
>
> 翼展 1.37 米、机身长 0.9 米，起飞重量 1.9 千克（负载 184 克），采用电池作为动力，续航时间 60 ~ 90 分钟（充电电池）或 80 ~ 110 分钟（一次性电池），其航程约 10 千米（可能受限于数据链传输距离），巡航速度 31 ~ 81 千米/时，最大升限达到 4300 米、作战使用高度 30 ~ 150 米。其负载包括机鼻处具备前视和侧视能力的照相机（可更换为其他传感器），传感器采用电子平移/倾斜的稳定方式。

▲ "大鸦" 无人机从 2006 年起开始装备美军的旅级部队。

▲ 2009 巴黎国际航展中展出的 "大鸦" 无人飞行器。（诺曼·弗里德曼）

的概念，并要求其开发一种更小的类似的无人飞行器。陆军最初称该项目为"闪光"（FlashLight），之后将该项目申请为名为"探路者"小型无人飞行器的先进概念技术演示项目（ACTD）。在得到资金支持后，航空环境公司很快就完成样机研制，并进行了大量试验性飞行。虽说该项目是陆军支持开发的，但首先采用该系统的却是特种作战司令部，在其采购了5套系统（10架飞行器后）后，陆军于2003—2004财年开始大规模采购，总计达185套，每套系统售价约2.5万美元，包括3架飞行器。到2009年中期，军方曾评估至少在未来5年内，"大鸦"系统仍将继续保持生产。到2009年时，航空环境公司累计已向美国军方及外国客户交付了9000套"大鸦"的各型系统。

从本质上看，"大鸦"就是一架加装了模拟电子设备的模型飞行器。军方计划在未来几年为其换装数字式的电子设备，以提升控制品质和数据链传输距离。它既可在操控人员的遥控下飞行，也具有一定的自动飞行能力。其机体由凯芙拉复合材料制成，具有质量轻、抗冲击力强等特点。最初特种部队采购了179套"大鸦"用于评估和试验（每套3架飞行器），之后陆军开始大规模采购用以支持在伊、阿战场

▲"大鸦"无人机的操作界面。

▲美军士兵正在发射"大鸦"无人机。

▶"大鸦"无人机体型小巧，可以单兵发射。

的地面部队（包含陆战队和特种部队），至少使每个作战营都拥有1套"大鸦"系统。陆军的"大鸦"系统军种编号为RQ-11B，于2006年进入部队；陆战队获得该系统后，将其用于替换原先配备的2.04千克的RQ-14A"龙眼"（DragonEye）系列无人机；特种作战力量则用其更换先前采购的"指示器"系统。"大鸦B"型是航空环境公司专为出口开发的型号，英国、丹麦、意大利和西班牙等国军方都采购了这种无人机。"大鸦"系统的军方采购规模庞大，仅美国陆军就拥有2200余架飞行器，其中早期采购的1300余架仍采用最初的模拟电子系统，其后的数百架则改装为数字式电子系统。整套系统（含遥控设备、3架飞行器、3套用于替换的传感器组）在分解后可装进两个手提箱中，具有极佳的便携性；传感器可根据使用环境和条件选用不同设备，如高分辨率昼间照相机、广角红外成像仪、夜间微光高分辨率照相机等（1架飞行器一次只能负载一种设备）。由于其体积、重量较小，易于大量采用，被广泛看做是连、排级无人系统。

除广泛为军方采用外，"大鸦"系统还曾被陆军选作其未来战斗系统班、排级无人机的过渡解决方案。在反恐战争中，"大鸦"也担负了重要的作战任务，例如在2007年间，"大鸦"飞行器在伊、阿两个战场共完成了 15 万小时的战斗飞行；到 2008 年，其战斗飞行时数更翻了一倍。根据国防部 2009 年《无人系统路线图》的规划，美国军方的采购目标是达到 3333 套系统（每套系统 3 架飞行器）。

　　YQM-12 的军用序列编号原来指派给"掠食者"的一种改型 YMQ-1C，但其开发商通用原子公司仍坚持使用原来的编号，故该编号分配后就未再使用。此外，Q-13 的序列编号也未使用。

13 >> RQ-14 "龙眼"（Dragon Eye）/ "雨燕"（Swift）/Sea ALL/X-63

　　RQ-14 "龙眼" 系列飞行器也是航空环境公司于2001年初设计并制造的微型无人飞行器。2001年为满足陆战队为其 "过渡型小规模部队遥控侦察系统"（I-SURSS）项目所提出的性能需求，在经海军研究实验室和陆战队战争实验室（MCWL）联合改造和完善后，当年6月，

◀ 陈列在国家航空航天博物馆中的 "龙眼" 无人飞行器，图片下侧两个笔记本电脑是其地面遥控及侦察视频输出装置。这种无人系统曾广泛装备各军种地面部队，反恐战争中也曾大量参与各种行动。（诺曼·弗里德曼）

▲ 美军正在准备发射 "龙眼" 无人机。

首架"龙眼"飞行器开始试飞。由于试验较为顺利，紧接在7月份就与BAI公司和航空环境公司签订了大规模生产采购合同。与其他类似的微型无人系统一样，"龙眼"系统也可装进背包大小的行李中背携，一个装配箱内除遥控设备外，还可携带3架飞行器。该飞行器的引擎为两部电动马达，每片机翼上各附有一个由马达驱动的螺旋桨推进器。马达采用电池供能，其续航时间约60分钟，有效活动半径约10千米。飞行器能够自动飞行，或者由操控人员周期性地调整其飞行状态（像无线电遥控的模型飞机）。该飞行器于2002年交付给陆战队对其进行作战评估，在2003年美军展开的"自由伊拉克"行动中，"龙眼"是随陆战队第一批进入战区的无人系统，在战斗中主要用于侦察和毁伤评估。在使用过程中，配备部队反映最多的问题就是"龙眼"侦察照相机缺乏变焦能力，这使其很难快速可靠地识别拍摄到的目标；同时，由于并未为其配备IR或微光侦察设备，它基本无法在夜间或恶劣天气条件下使用。2003年11月，针对这些缺陷，对"龙眼"改进和升级的计划交由航空环境公司进行。当时，陆战队计划升级或采购新的"龙眼"总共467套系统（每套系统含3架飞行

▼"龙眼"无人机部署在美军的旅级部队，非常轻便。

▲"龙眼"无人机静态展示，可见其小巧的外形。

器）。航空环境公司按照要求完成改造后，新机型被称为 RQ-14B "雨燕"（Swift），采用航空环境公司标准化的地面遥控设备，也可对该公司以往生产的微型无人飞行器 [如 "指示器"、"大鸦"、"美洲狮"（Puma）和 "黄蜂"（Wasp）等] 进行遥控。除陆战队大规模采用外，特种部队至少也采购了 6 套该型系统。2009 年，根据国防

▲ "龙眼" 无人机曾广泛部署到伊拉克和阿富汗战场，受到美军的好评。

部《无人系统路线图》规划，军方预计将采购 194 套 "龙眼" 系统（每套含 3 架飞行器）以及 33 套 "雨燕" 系统（每套含 4 架飞行器）。

此外，航空环境公司还有一个批次的 "龙眼" 飞行器进行了改动较大的升级，新飞行器被称为 X-63，它拥有更大的翼展（1.6 米），提升了电池及导航系统的性能，使其具有更长的续航时间、更精确的导航能力、新的负载（红外及可变焦照相机）以及新的通信数据链（可提供 8 个数据传输通道，较原飞行器提升 2 倍）。

美国海军也采购了 "龙眼" 系统，主要是 RQ-14A 型机，并称其为 "海上机载测深索"（Sea ALL），海军研究办公室负责将其改造成适合海军使用的型号。

"龙眼" 飞行器性能参数

翼展 1.1 米、机身长 0.91 米，全重 2.8 千克，最大飞行速度 84 千米 / 时、巡航速度约 50 千米 / 时，实用升限约 300 米，续航时间约 80 分钟（RQ-14A 为 60 分钟）。

14 >> RQ-15 "海王星"(Neptune)

RQ-15"海王星"无人系统由DRS公司开发，其初衷就是将其作为一种海上无人飞行器。2002年1月，该飞行器首飞；同年3月，海军与DRS签订了首批生产并采购15架飞行器的合同。但是，直至2007年，军方才正式为其指定军用编号RQ-15。与其他无人系统相比，"海王星"的最大特点是既能够在水面上降落，也能够利用陆上着陆装置降落于地面；至于升空前则只能从地面滑跑或弹射起飞。飞行器采用宽大后掠翼、双尾撑的布局，其动力装置采用一部安装在机体上部由活塞引擎驱动的螺旋桨推进器，整个动力部分与机翼融为一体。为克服在水面运用时，因水体反射造成无线信号的多路径反射，飞行器的数据链采用超高频段。其自动驾驶采用GPS导航，具有自动路径点导航和跟踪模式。"海王星"主要用于海军特种作战力量，即"海豹"部队的作战行动。2005年年底，海军已拥有约15套系统，其计划共采购27套系统。与此同时，特种作战司令部也于2008及2009财年分别采购一套该型系统。

"海王星"飞行器性能参数

翼展2.1米、机身长1.8米，全重36千克，巡航速度约155千米/时、巡逻速度110千米/时，实用升限2400米，航程约74千米，续航时间约4小时，其动力装置采用一台15马力的2冲程活塞内燃引擎。

△"海王星"无人飞行器。(美国海军)

15 >> RQ-16"狼蛛—鹰"（Tarantula-Hawk）/XM-156 Class I

　　RQ-16"狼蛛—鹰"式涵道旋翼垂直起降微型无人飞行器，也称为"T-Hawk"，最初作为先进概念技术演示项目获得了军方的支持，整套系统由杭尼韦尔（Honeywell）公司负责开发和研制。不久之后，该系统被美国陆军选择成为其未来战斗系统中排级无人机（Class I），并正式获得 RQ-16 的军用编号。陆军方面预计，在为该飞行器换装重油引擎后于 2015 年进入现役，其最初的设计性能要求为，飞行器作战半径须达到 16 千米，负载能力不小于 0.453 千克，续航时间大于 90 分钟。2008 年 1 月，项目开发、试验计划加速，11 套 Block 0 批次系统在 7 月前陆续交付部队试用。所幸的是，2009 年中期国会对 FCS 系统项目的大肆删减并未影响 RQ-16 的后续完善和采购，其还是能按原计划于 2010 年前完成陆军所有 73 个旅级现役部队的装备，到 2025 年时完成

◀ 2006 年 11 月，试验中的"狼蛛—鹰"微型垂直起降飞行器。（美国海军）

"狼蛛—鹰"性能参数

　　涵道旋翼直径 0.33 米、机身高 0.61 米，全重 7.7 千克（加载燃料后重 8.6 千克），负载 0.68 千克。最大飞行高度 3050 米，巡航速度约 74 千米/时，续航时间约 50 分钟。

对预备役陆军部队的装备。美国海军也采用这款微型飞行器，他们采用的是 Block I 批次的版本，于 2007 年部署于驻伊、阿的海军部队。2009年，"狼蛛—鹰"的 Block II 版本问世，与前面的版本相比，其传感器组安装在万向节架上，可自由旋转到特别角度和方位，引擎控制也改为电子系统。驻伊海军地面部队负责的爆炸物处置联合特遣小组曾采购了25 套 RQ-16 系统，用于试验与评估。在海军系统，"狼蛛—鹰"飞行器也被称为 G-MAV（汽油动力的微型飞行器）。考虑到伊拉克战场上越来越急迫的反 IED 装置需求，海军于 2008 年 11 月紧急追加采购了90 套"狼蛛—鹰"系列 Block II 飞行器（每套含 2 架飞行器）。除美国军方外，"狼蛛—鹰"也被英国皇家陆军采用，用作对疑似 IED 装置进行抵进观察和检测。英军的采购始于 2009 年 2 月，当时购买了 6 套系统，当年 11 月，英军部队开始训练使用该系统应对各类疑似 IED 装置。2009 年中期，另有一个外国客户也采购了 RQ-16，但具体合同细节不详。

Block III 型系统升级了引擎控制组件、引擎电子起动器等，该升级型号目前正在完善中，准备未来用于量产部署。"狼蛛—鹰"还有一种正在试验和开发中的型号，它整合了软件控制的联合战术无线电系统（JTRS），可与陆军 FCS 系统组网。

此外，2009 年国防部《无人系统路线图》中还包括杭尼韦尔公司的另一种无人飞行器——XM-156 Class I，它也是"狼蛛—鹰"飞行器的一种衍生型号，《路线图》中计划要为 FCS 系统的每个旅级战斗部队配备 90 套 XM-156 系统。FCS 系统中 Class I 无人飞行器要在系统网络环境中为地面连、排级部队提供充分的侦察和态势感知情报，在整个情报侦察搜集过程中采用完全自主的飞行和导航，无须地面人员过多控制。在其飞行过程中，遥控人员可动态更新飞行路线，飞行器获取的目标信息则实时传输到地面监视器中。整套系统可由单兵携带，其传感器组集成了光电、红外、激光测距仪，其动力装置采用 10 马力的内燃引擎，引擎采用重油燃料，工作时噪声极小。整套 XM-156 系统包括一部手持式控制器和一架飞行器，控制器与 FCS 系统网络通过战场宽带连接在一起。陆军规划 2010 年第一季度对整套系统进行第一次风险缩量试验飞行，当年第四季度对其设计进行审查评估，至 2015 财年第三季度，整套系统可形成使用能力。

16 >> XMQ–17A "间谍鹰"（Spy Hawk）/ T–20

　　XMQ-17A "间谍鹰" 无人系统由 MTC 技术公司开发（该公司于2008 年并入英国 BAE 系统公司），它原本是海军陆战队用于替代 "蒂尔 II" 过渡无人飞行器 "扫描鹰" 的产品，但最终开发失败，未能量产。2006 年，陆战队战争实验室授予 MTC 公司一项开发项目合同，合同要求飞行器的性能特征为：可回收的机腹传感器组旋塔，能够利用机腹着陆并且传感器要提供更好的侦察信息质量（具备超光谱成像功能或搭载多用途合成孔径雷达），同时其地面控制设备要基于商用游戏机 PlayStation 硬件平台，控制系统要具备三维绘图导航能力以及双显示屏（可同时监控侦察图像视频以及飞行器的运动状态）功能。陆战队之所以提出诸多较高

▲ "间谍鹰" 无人机正准备起飞。

"间谍鹰" 性能参数

　　翼展 5.26 米、机身长 2.87 米，起飞重量超过 68.04 千克（负载约 29.48 千克，空重约 36.29 千克），续航时间超过 16 小时，其动力装置采用一台 10 马力的 4 冲程内燃引擎。

的要求，主要是为满足未来"蒂尔 II"无人飞行器的项目要求。

与其要求的侦察监视性能相比，"间谍鹰"的机身设计就相对不重要了，其机身采用了加州大角星公司（Arcturus）的 T-15/16 系列飞行器的机身。该公司也生产过一系列无人飞行器，这些飞行器的机身通常采用复合材料一次性中空铸模制成，其 T-15 飞行器的军用无人化版本 T-20 在 2008 年时曾获得过军方采购。T-20 机体燃料储存于两翼的空间中，为其机体负载腾出更多空间。2009 年 5 月，T-20 在陆军达格韦（Dugway）试验靶场完成了首次军方试飞任务，之前 2008年，它也曾在空军爱德华兹空军基地进行过相关试飞。要注意的是，一般无人飞行器并不须到达格韦试验场进行试验，该试验场主要担负化学、放射性武器的试验，这意味着 2009 年 T-20 的试飞任务可能是进行空气取样以试验其挂载的有毒物质检测设备，或是监视实际的化学试验。

17 >> XMQ-18A[A-160T "蜂雀" (Hummingbird)]

XMQ-18A 飞行器最初名为 A-160T，当时是作为 DARPA 的先进飞行器（AAV）项目进行开发的，用以演示刚性旋翼无人直升飞行器的结构和机体设计。AAV 项目实际就是"蜂雀勇士"（Hummingbird Warrior）开发项目，要开发一种垂直起降的中空长航时无人直升飞行器，它具有极佳的续航时间（30~40 小时）和较远的飞行半径（5520千米）。传统上来说，直升机主旋翼叶片都采用铰接方式与引擎转轴相连，当直升机飞行时旋翼旋转获得升力维持机体的重量。理论上看，这类结构限制了直升机的速度，因为当其速度达到一定程度后旋翼叶片就无法再维持必要的攻角，而且叶片外端的速度也不能超过音速，否则叶片内侧根部的铰接连接无法适应如此大的应力。刚性旋翼则更像固定翼飞行器的主翼，它的直径长度更大，所以在其旋转时可产生更大的升力，同时由于其并未采用铰接方式相连，各叶片根部也就能适应更大的应力，其转速就可以更快，其翼尖速度甚至可超过音速。这种

"蜂雀"性能参数

旋翼直径 10.67 米，起飞重量 2267.96 千克（负载超过 136.08 千克），续航时间超过 24 小时，巡航速度约 258 千米／时，最大升限约 9150 米，其动力装置采用一台 390 马力的 6 缸内燃引擎。

▲ "蜂雀"无人机在沙漠执行任务的 CG 构想图。

刚性旋翼结构的直升机可以按照需要选择旋翼的角速度，例如需要减少噪声时可选择低速旋转，需要速度时则可调整。理论上采用刚性旋翼结构的直升机具有更大的航程、续航时间以及长限。DARPA 对这种结构的飞行器感兴趣主要在于其所拥有的高速性能以及垂直起降能力。

A–160 由"掠食者"的主设计师亚伯·卡伦开发，其尺寸也与"掠食者"相似。后来 A–160T 型飞行器问世，其编号中的 T 代表将原飞行器中的活塞式引擎改为涡轮轴引擎。项目最初始于 1998 年，当时采用一架"罗宾逊 R.22"直升机改装成试验机以验证自动飞行控制系统。特种作战司令部采购了两架这种改装后的试验直升机以进行评估，并取名为"幼畜"（Maverick），其中一架于 2002 年坠毁。2004 年波音公司接手了数架 A–160 样机继续 DARPA 的试验项目，并在其著名的"幻影"（Phantom）工厂里继续开发。鉴于刚性旋翼直升飞行器的独特性能，美国陆军和特种作战司令部对该项目也很感兴趣，他们希望为其配备可穿透地面植被伪装的合成孔径成像雷达。最终雷达的接收天线被整合进旋翼叶片中，其雷达发射天线则位于机体下侧，这种成像雷达是"叶簇穿透侦察监视跟踪交战"（FORESTER）项目研究的成果。其他可能的负载还包括一个 450

▲ "蜂雀"无人机正在进行起飞测试，其外形有些类似于"火力侦察兵"系统。

千克重的专用货物荚舱以及"地狱火"导弹挂载发射系统。波音后来展示的"蜂雀"（A-160T）模型中，还为其配备了光电 / 红外传感器旋塔以及 8 枚"地狱火"导弹。

"蜂雀"于 2002 年 1 月 29 日首飞，陆军当时准备在 2003—2005 财年对其进行试验。在 DARPA 表态要继续支持该项目后，该项目的预期完成时限也延长到 2007 年年底。2008 年，为应付战争急需，美国特种作战司令部开始采购"蜂雀"系统。2009 年 5 月，特种作战司令部称对这种飞行器性能较为满意，将在 2010 财年采购另 20 架飞行器；而 2009 年中期，陆战队在经过评估和试验后也希望在 2010 年获得这种飞行器，陆战队希望应用其出众的负载能力用于为前线部队紧急投送物资和器材（其负载可达到 910 千克）。但是也有报道称，除非"蜂雀"飞行器很快获得较大数量的采购，否则到 2009 年 10 月时其生产线就不得不被关闭。

根据 2009 年国防部《无人系统路线图》的说明，军方现在共拥有 6 架采用涡轮轴引擎的"蜂雀"飞行器，计划中还要采购另 7 架。

18 >> X-47B UCAS-D

人们普遍认为，诺斯罗普·格鲁曼公司潜心数十年研制的X-47B型无人空中作战飞行器，可算得上是第一款专为作战而开发的无人系统，它也极为可能在未来取代航母甲板上的有人战斗攻击机（F/A-18）。X-47B的前身是X-47A，也就是为被废弃的三军联合无人空中作战系统（J-UCAS）项目而开发的原型机。当时，在美国空军废止了J-UCAS项目后，海军看到其原型机的潜力，接手继续资助后继的开发工作，又经过数轮竞争后，2007年8月8日，X-47B原型机赢得了海军的开发项目合同。自2000年6月30日DARPA授予波音公司和诺斯罗普·格鲁曼公司竞争性的无人空中作战系统开发合同以来，这一延续至今的先进无人作战系统开发项目总算在X-47B出现后达到顶点。2005财年时，情况发生了变化，由于预算原因，诺斯罗普·格鲁曼公司原来计划制造的多架X-47B型原型机被削减，最后只制造了两架B型原型机，第一架无隐形能力且只携带有限的任务装备，主要用于航母甲板适用性试验；第二架则直接

▲ 2008年12月，公开展示的X-47B原型机。（诺斯罗普·格鲁曼公司）

▼ 准备在舰上进行起降试验的 AX-47B 无人机。

用于各类试验飞行。诺斯罗普·格鲁曼公司原计划在 B 型后继续开发 X-47C 型原型机，C 型机比前两种机型更大，将是量产前所有开发工作的集大成者。但不幸的是 2006 年 2 月，整个 J-UCAS 项目都被取消（其预算被挪用于开发基于航母的持续情报、侦察和监视项目上）。之后该项目被海军接手。诺斯罗普·格鲁曼公司在调整了一系列性能指标以便适应海军需求后，新的 X-47B 原型机于 2008 年 12 月 16 日完成，原本预计于 2009 年 11 月 11 日进行试飞，但几经拖延后直至 2010 年才得以完成。预计配

▲ AX-47B 的设计三面图，可见其设计借鉴了宝石外形和飞翼设计，拥有良好的隐身外形。

X-47B 性能参数

翼展 18.9 米、机身长 11.6 米，续航时间达到 100 小时（有空中加油支持时），其航程超过 3868 千米（有空中加油支持时作战半径超过 2763 千米、转场航程超过 6450 千米），飞行器速度设计为高亚音速，作战升限超过 12200 米。机体共有两个内置式武器舱，每个舱内可携带 6 枚小直径炸弹（SDB），武器舱也可改装以储备额外燃料。飞行器最大武器负载能力约 2041 千克，其动力装置采用一台普惠公司生产的 F100-PW-220U 型涡扇引擎。

合 X-47B 的第一部舰载弹射器及舰上回收装置将于 2011 年完成。X-47B 在这一阶段的试验任务最核心的就是要表明其能够应用于航母作战环境，包括舰上着陆、舰载机空中加油（海军于 2008 年初步批准进行此类试验，无人系统真正展示在空中全自动完成加油的能力将在 2015 年前完成）等能力。据悉，X-47B 所具有的空中加油能力，既包括海军飞行器常用的软管加油能力，也包括空军飞行器常用的硬杆式加油能力。

▲ AX-47B 因为要部署在军舰上，因此拥有可折叠机翼。

▲ AX-47B 正在进行起降训练。

▲ AX-47B 拥有先进的航电设备和既定性能，用来满足未来海军航空兵对地攻击和侦查任务。

▼ 准备进行夜间起飞训练的 AX-47B 无人机。

◀AX-47B 机 群
执行攻击任务的
构想图。

▶从这个角度
看，AX-47B
与 F-117 和
B-2A 颇有几
分相像。

◀AX-47B 外
形有些科幻，
期正面颇有武
士的感觉。

19 >> MQ-X

　　MQ-X 是空军为其下一代无人飞行器指定的试验性编号，该项目启动于 2008 年。根据空军计划，竞标胜出公司将在 24 个月内提交原型机的初步作战性能。2009 年 9 月空军协会展上，洛克希德·马丁臭鼬工厂展出其关于 MQ-X 的设计方案及大致的性能参数。根据空军的说明，未来将购买 200 ～ 250 架 MQ-X，加上替代损耗的"掠食者"和"收割者"无人机，实际采购量将更多。空军在给出的技术性能指标中要求这种飞行器具有不低于 24 小时的续航时间，俯冲最大速度达到 0.8 倍音速，具有在恶劣、危险战场环境下的高生存能力（意味着对雷达的隐身性能）等。而臭鼬工厂在展出中公布的照片，显示该公司的 MQ-X 原型机采用具有雷达低可探测性机身、后掠角度不大的主翼，机体后部垂直尾翼上设置有安装螺旋桨推进装置的动力荚舱，机体后部下侧还有 2 片倒 V 形的腹鳍，动力系统进气口位于机尾处。据称，该无人飞行器采用混合动力配置，装有两套动力系统，其一是增压柴油机驱动的螺旋桨推进器，主要用于长航时持续飞行；其二是喷气式引擎，高速飞行时

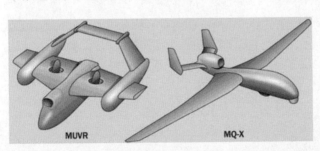

MUVR　　　　MQ-X

◀ MQ-X 无人机概念图，这款无人机原计划代替"掠食者"无人机。

使用。两套动力系统在其最大升限飞行时都可使用。同时，机体还采用模块化机翼设计，可根据不同任务要求换用不同翼形的机翼。例如，主要执行攻击任务时采用短主翼，而遂行长航时侦察监视任务时则换用长翼形主翼。现在还不清楚这种混合动力配置的飞行器是否会对其成本及使用维持复杂性造成不利影响，而且考虑到高速俯冲时其螺旋桨推进器会带来巨大的阻力，有可能其螺旋桨推进器在高速飞行时能够折叠，其进气口也可能同时支持两套动力系统。

除洛克希德·马丁公司外，通用原子公司也对赢得MQ-X信心十足，其提出的竞标飞行器是"掠食者C"型飞行器。波音公司也可能提供一种基于其X-46航母无人攻击飞行器（该项目已终止）的衍生型参与竞标。

20 >> AD-150

　　AD-150 无人飞行器由美国动力飞行系统（DFS）公司研制，该公司原本希望这种具有垂直起降能力的飞行器能够参与陆战队为替换"蒂尔 III""阴影"（Shadow）无人系统的竞标，并获得军方的采购。这种飞行器采用与 V-22 "鱼鹰"类似的机体和倾转翼配置。机体呈梭状，机体两侧粗短主翼翼端各安装有 1 部涵道风扇推进器。2007 年 8 月，AD-150 的全尺寸模型在华盛顿举办的国际无人系统协会（AUVSI）展览上展出。但之后的竞标中，由于 AD-150 除速度令军方满意外，其他不少性能指标都与军方要求有差距，故并未如愿胜出。

AD-150 预计性能参数

　　速度不低于 370 千米 / 时，最好达到 442 千米 / 时（动力飞行系统公司称可达到 550 千米 / 时），起飞重量为 1020.58 千克（负载不低于 226.78 千克），动力装置采用一台普惠公司的 PW200 型涡轮轴引擎。

◀ 美国动力飞行系统公司的 ADA-150 倾转翼无人飞行器。（动力飞行系统公司）

▶ AD-150 无人机构想图，类似于 V-22 "鱼鹰"的设计。

21 >> "航空探测"（AeroSonde）Mk4

正如其名称所暗示的，"航空探测"Mk4型无人飞行器是一种用于气象探测监视的超长航时低成本小型无人飞行器。它最初由两家澳大利亚公司于1995—1998年开发，澳大利亚气象部门、美国英西图（Insitu）集团公司以及海军研究办公室对其开发提供了技术支持和援助。1998年8月，一架"航空探测"飞行器在首次长途试飞中就飞越了大西洋（航程超过3220千米，续航时间约26小时45分）。为在北美市场推广这种飞行器，1999年澳大利亚航空探测Pty有限公司及北美航空探测公司成立。

美国军方及不少民事机构采购了该机型，用于大气科学研究。例如，NASA在阿拉斯加巴罗（Barrow）岛以及沃洛普（Wallop）岛部署了这种飞行器，美国空军"天气探测合作试验"项目也拥有该飞行器。

"航空探测"Mk4飞行器性能参数

翼展2.9米、机身长2.1米，全重15.2千克（负载5千克），实用升限4570米，续航时间约30小时，动力装置采用活塞式引擎驱动螺旋桨推进器。

2009年巴黎国际航展上，AAI公司展台上陈列的"航空探测"系列无人飞行器，展台上标示的"阴影200"是指附近陈列的飞行器。（诺曼·弗里德曼）

22 >> MQM-171 "宽剑"（Broad Sword）

　　MQM-171 "宽剑" 无人飞行器由格里芬宇航公司开发，主要为美国陆军所采用，陆军利用它评估无人飞行器的各类组件，如传感器组、负载、推进器等；有时也称它为 "UAV-T"，用于评估和验证陆军所需无人飞行器的性能，其最后的字母 "T" 表明其试验性角色。

　　2006 年陆军公布了 UAV-T 招标的性能需求，要求飞行器翼展 5 米（±5%）、机身长 4 米（±5%），最大巡航速度 212 千米 / 时（最好达到 320 千米 / 时），最小巡航速度（110 千米 / 时），最低作战高度

"宽剑" 飞行器性能参数

　　翼展 6.86 米、机身长 4.51 米，全重 250 千克（最大负载 54 千克），实用升限 4300 米，续航时间 4～6 小时，飞行速度约 203 千米 / 时、巡航速度为 110～166 千米 / 时。

▲ MQM-171 "宽剑" 无人机正在进行试飞。

▲ MQM-171 "宽剑" 无人机正在进行发射试验。

小于 300 米、最高升限超过 3657 米（最好达到 7000 米），最小可遥控距离大于 25 千米（最好达到 50 千米），在任务区域徘徊巡航超过 1 小时。

"宽剑" 飞行器以格里芬宇航公司的 MQM-170 "歹徒"（Outlaw）飞行器为原型，两者采用相同的螺旋桨推进器配置、传统的主翼和 V 形尾翼，只是前者的尺寸比后者更大。2007 年 4 月，格里芬公司称该飞行器完成了螺旋发展第一阶段的试飞任务，并预计于 2008 年进入陆军服役。格里芬公司还开发了 "宽剑" 飞行器的另一种型号—— "宽剑 XL"，并将其作为观察监视平台，或者像 "宽剑" 一样作为试验 / 评估平台。

23 >> "破坏者"（Buster）/ "黑光"（Black Light）

"破坏者"无人飞行器由任务技术公司开发，它也是一种采用联合翼结构的微型无人飞行器，其外形与早前并不成功的 RQ-6A "警卫"飞行器非常相似（RQ-6A 未被军方采用后，开发商阿连特技术系统公

> **"破坏者"性能参数**
> 翼展 1.26 米、机身长 1.04 米，全重 4.5 千克，升限 3050 米，续航时间 4 小时，航程为 10 千米，巡航速度为 65 千米 / 时。

2009 年 7 月 4 日 Waddington 航空展上，英国陆军皇家炮兵展示的 "破坏者" Mk1 型无人飞行器。(南威尔士航空集团)

司将其推向市场，并注册了发明专利）。从 2003 年 8 月陆军定购了第一架"破坏者"飞行器起，到 2009 年，陆军总共拥有 9 套"破坏者"无人系统（每套系统含 3 架飞行器）。陆军主要利用该型飞行器进行各类评估和试验，例如，自 2007 年起"破坏者"就一直参与陆军在迪克斯（Dix）堡进行的各类 C⁴ISR 试验和演习以及本宁堡进行的空中攻击试验演习，此外，它还广泛参与海军在达格瑞进行的联合演习。根据国防部 2009 年《无人系统路线图》，目前军方计划继续采购 5 套该系统（每套含 4 架飞行器）。"破坏者"无人系统的外国客户包括英国国防部，英国将其用于联合无人作战系统的试验项目，皇家陆军、皇家空军等军种皆有采用。

任务技术公司还开发了"破坏者"的衍生型号，即"E- 破坏者"，其改动主要是换装了新的螺旋桨推进器；而另一种改型称为"黑光"，出现于 2009 年 8 月，主要是加装了纳米合成孔径雷达。要注意的是，英国将其开发的"大鸦"飞行器的改型——"背包无人监视目标指示和强化侦察"（BUSTER）无人器，也称为"破坏者"。

24 >> "鸬鹚"（Cormorant）/"变形"（Morphing）

"鸬鹚"飞行器是洛克希德·马丁公司开发的喷气式鸥形翼无人机，其开发目的是研制一种可利用海军"俄亥俄"级战略导弹核潜艇进行发射和回收的无人飞行器，如此该型核潜艇便能更好地支援特种作战行动。为利于在海上环境中使用，整个飞行器采用钛合金制成（易于抗腐蚀）。根据构想，它可由潜艇在潜水状态下发射，发射时飞行器通过导弹发射筒经浮标飘出水面，到达水面后飞行器助推器点飞升空，待到达空中且飞行器达到一定速度后，助推器脱离飞行器引擎点火，实现起飞。完成预定任务后，飞行器在预先设定的海域着陆，潜艇再浮起进行回收。2005年年末，DARPA将开发合同授予洛克希德·马丁公司，并预计待项目取得初步成功，在2010年左右再将其转交由海军继续完成。2006年9月决定制造出一架可用于试飞的样机。2007年秋，因预算问题，该项目被取消。流传的一段洛克希德·马丁公司发布的视频显示，"鸬鹚"飞行器可配载低成本自动攻击系统（LOCAAS），这是一种可在

◀ "鸬鹚"变形翼无人飞行器。（洛克希德·马丁公司）

"鸬鹚"飞行器性能参数

翼展4.877米（主翼展开后），机身长5.8米，起飞重量4082.33千克（负载453.59千克），续航时间约3小时，任务半径640～800千米，实用升限10660米，其动力装置采用一台1360.78千克推力的喷气引擎。

◀ "鸬鹚"是一款颇具科幻意味的美军下一代无人机。

空中徘徊的弹药系统，这表明该项目已进展到实用阶段。根据现有资料显示，飞行器拥有一块较大的呈折叠状的三角形主翼，其机身下方有一块三角形垂直腹鳍，进气口也呈三角形且位于机体前方中央。发射时，助推火箭将其垂直从海面送入空中，就像发射导弹一样。至于其回收则分为两步，首先利用降落伞平稳落于海面，然后潜艇再利用水下无人载具将其捕获带回潜艇。

有时也称"鸬鹚"无人飞行器称为"变形"无人机，因为它在从潜艇发射筒离开，经水体和助推火箭到达空中的过程中，其主翼形状可以变化。这应用了洛克希德·马丁公司的主翼变形专利技术，飞行器照实旋转于潜艇的"三叉戟"弹道导弹发射筒内，此时其主翼折叠缩成一团，以适应狭窄的管状环境；需要发射时，它与浮标一起离开发射筒到达海面，在水中时其主翼便完全舒展开，到海面时则由助推火箭直接送入空中。为防止海水渗入飞行器造成损坏，在水中时飞行器的关键部件都用高压氮气保护着。这项机翼变形专利使传统上并不具备常规对地灵活攻击能力的战略核潜艇也拥有了灵活的对地支援能力。例如，战略核潜艇在完成特种作战人员输送任务后，即可发射这样的飞行器用于作战区域的侦察监视。发现敌情后，飞行器将图像视频信息通过浮标传输到潜艇内，潜艇再根据需要发射其他具有攻击能力的潜射无人飞行器进行支援。正是由于"鸬鹚"所具有的独特的性能，一段时间里 DARPA 曾对这类可改变主翼形状的飞行器非常感兴趣，该飞行器也曾成为 DARPA "变形飞行器结构"项目的重要部分，因为飞行器的这种能力提供了很有潜力的战术价值，例如，主翼变形使同一架飞行器在同一次飞行任务中，可针对整个飞行过程中的不同任务需求，选择不同的主翼翼形以便更好地完成任务。在需要进行长航时的侦察监视时，其主翼可完全舒展开以提高升力；而发现目标需要攻击时，则可收起主翼以减少阻力提升速度。2004 年，公司制造了一架缩小比例的样机准备进行首飞试验，但因故障机样严重损坏，经修复后于 2005 年再次进行试飞。在其后的研制中，"鸬鹚"飞行器似乎已改进了最初的鸥式主翼，而应用了更为成熟的弯曲式主翼。2006 年 4 月，公司还获得一份应用于变形无人飞行器飞行控制系统开发的合同。

虽然变形飞行器广泛地吸引了军方关注，但该项目还是被终止，然而海军仍对这种可由潜艇发射、回收的无人机技术非常关注，因此在"鸬鹚"项目被取消后，仍要求公司保留相关技术资料和样机，不排除未来技术成熟后，再重新启动的可能。

25 >> DP-5X "黄蜂"（Wasp）

蜻蜓图像（Dragonfly Pictures）公司位于宾夕法尼亚州埃斯林根，主要研制生产小型无人直升飞行器，其产品大多以"DP"系列编号。该公司虽并不出名，但其开发的小型无人直升飞行器颇具特色，其产品在2008年获得国防部的采购（106万美元），2009年又获得290万美元的开发合同用于增加其生产的几种无人直升飞行器的起飞负载。该公司认为无人直升飞行器由于其飞行特性，不仅适应商业用途，在军事领域内也有很大空间。

▲ DP-5X 无人直升机概念图。

DP-5X "黄蜂"无人直升飞行器采用常规直升机的机体布局，除旋翼外，机尾还有水平扭转副旋翼。2006年9月底，DARPA将最先由澳大利亚发明的"金属风暴"连射枪械配载到DP-5X机身上，由其在空中进行实弹射击试验。试验在美国空军警卫队沃伦试验靶场进行，这也是美国军方首次对这种新发射机理自动枪械进行正式机载试验。

"黄蜂"性能参数

主旋翼直径为3.2米（不含旋翼机身长3.36米），起飞重量约215.46千克（负载34.02千克），续航时间约5.5小时，巡航速度约184千米/时，升限约3048米，动力装置采用一台97马力的重油涡轮轴引擎。

26 >> DP-7 "蝙蝠"（Bat）/DP-10X "飞镖"（Boomerang）/DP-11 "刺刀"（Bayonet）

蜻蜓图像公司还开发过其他概念性的无人飞行器，如 DP-7 "蝙蝠"飞行器。该飞行器采用飞翼式机体，两具 3 叶片螺旋桨推进器位于机体主翼前缘，机体后侧有两片垂直尾翼（不仅充当垂直安定面，还作为起降时的支架）。它的起降及飞行方式较为特别，起飞和降落时利用机体和垂直尾翼稳定住机身，此时两具螺旋桨推进器以垂直的方式驱动飞行器起飞或降落；在空中时，飞行器则倾转机体像常规飞行器一样改为水平飞行，此时飞行器能以远超同类无人直升飞行器的速度飞行。这种结构非常像 20 世纪 40 年代被取消的 F5U 战斗机项目。"蝙蝠"飞行器的这种飞行特性被认为非常适合中小型舰艇使用，例如，现役海军大小型水面舰只的 UH-60 机库，一次可容纳 6 架"蝙蝠"飞行器。据称，该飞行器极可能参与海军濒海战斗舰舰载飞行器的竞标。"蝙蝠"配备有自动起降系统，其生产公司称，它适用于所有能搭载飞行器的海军船只，甚至一些无法搭载飞行器的小型船只也

"蝙蝠"性能参数

翼展 5.94 米（折叠后 2.74 米）、机身长 2.07 米，起飞重量 272.15 千克（负载 90.72 千克），续航时间约 12 小时，活动半径约 203 千米。其生产公司提供的数据显示，其旋翼直径 1.83 米，续航时间 12 小时，最大飞行速度（俯冲）174.3 千米/时，任务半径约 203 千米，实用升限 9144 米。其搭载的负载包括一部合成孔径雷达和 TCS 数据链。

能配备。

　　DP-10X "飞镖" 飞行器机体结构与 "蝙蝠" 类似，只是机体更大，负载、航程等相应较大。DP-11 飞行器则与 "飞镖" 相反，虽也采用类似机体结构，但其尺寸更小。

▲"蝙蝠" 无人飞行器。(蜻蜓图像公司)

27 >> "达科他"（Dakota）

　　"达科他"无人系统由位于得州的阿狄森日内瓦宇航（Geneva Aerospace of Addison）公司开发，但该公司主要开发无人系统的控制技术，而非无人飞行器，因此这种飞行器极可能是该公司用于演示其控制技术的样机。该飞行器采用的最重要的控制技术就是可变自动控制系统（VACS），它可以使没有驾驶能力的控制人员也能轻松控制飞行器，还可使一名操控人员同时控制数架飞行器。由于此控制系统较具价值，DARPA曾资助过它的试验。此外，VACS控制系统还曾在海军放弃的"可担负武器系统"项目（一种低成本巡航导弹）、海军研究办公室"传感与避免碰撞"项目（军用无人飞行器在民用空域环境中自主控制以避免与民用飞行器发生碰撞）中应用。

◀ "达科他"无人机正在进行自主着陆试验。

"达科他"飞行器性能参数

　　翼展4.57米，起飞重量180千克（负载40千克），续航时间超过2小时，任务半径110千米，其动力装置采用一台22马力的活塞式引擎。

1998 年 7 月，美国海军利用诺斯罗普·格鲁曼公司提供的 "协作式集中任务管理系统"（CAMMS），配合该公司开发的自动控制系统，由一名操控人员同时对 4 架 "达科他" 飞行器进行了控制，取得了较好的效果。

28 >> "沙漠鹰"（Desert Hawk）

　　"沙漠鹰"无人系统是洛克希德·马丁公司开发的微型飞行器，主要被空军采购用于保护其驻阿富汗空军基地的安全，目前，该机型正逐步被性能更强的"大鸦"无人系统取代。"沙漠鹰"是一种专在高海拔、强风及高温环境下应用的可靠飞行器。2001 年，空军提出需采购一批便携式的无人飞行器用于 FPASS 需求，在比较了多种微型无人飞

▽ 2009 年国际防务系统及装备展（DSEi）上的"沙漠鹰"微型无人飞行器。（诺曼·弗里德曼）

"沙漠鹰"飞行器性能参数具体为：

　　翼展 1.32 米、机身长 0.86 米，全重 3.2 千克，实用升限 300 米，续航时间约 1 小时，巡航速度约 91.7 千米 / 时，其动力装置采用电动马达配合蓄电模块。

行器后，最后经竞标选中了"沙漠鹰"，2002年2月双方正式签订采购合同，当年，第一批共18套"沙漠鹰 I"系统交付给空军（总共96架飞行器，当时空军计划采购21套系统）。至2002年11月时，"沙漠鹰"已随军方部署到阿富汗，之后被部署到伊拉克。2006年2月，空军已拥有21套该系统（共126架飞行器）。

洛克希德·马丁公司先前曾参与过DARPA关于微型无人飞行器（所有飞行器的尺寸皆小于15厘米）的开发项目，当时得出的结论是，任何翼展小于60厘米的飞行器在地面风力过强的条件下都无法稳定飞行。基于这些研究成果，其开发的"沙漠鹰"具有一些并不常见的特性，它能围绕指定地点盘旋飞行，同时将其传感器始终指向目标；它监视的地点既可预先设定，也可在飞行途中指定。该飞行器具备自动飞行能力，故其操控者无须过多干预其飞行动作，可将注意力集中于其传回的图像及视频上。此外，为适应新的需求，"沙漠鹰 I"型机升级到 I+型。2006年重新设计的"沙漠鹰 III"缩小了机体体积，可靠性更高，军方于2007年采购了该型机。

▼"沙漠鹰"无人机正在进行静态展示。

　　除美国军方外，15套"沙漠鹰"无人系统还提供给了在伊、阿部署的英国第47皇家炮兵团，英军于2007年完成了这些"沙漠鹰"的部署。2008年，英国为其升级了通信系统，较老式的"沙漠鹰I/I+"也退出了现役，取代它们的是"沙漠鹰III"系统。

　　"沙漠鹰"系统完成了飞行控制系统的升级，升级提高了飞行器自动驾驶的能力，使1名操控人员可同时控制数架飞行器。2009年，该公司还为"沙漠鹰"飞行器配载了信号情报收集负载并换装了新的主翼，当年5月，改装后的新飞行器完成了试验飞行；年底，公司还演示了安装了可旋转全向扫描红外传感器的"沙漠鹰"飞行器。

29 >> "鹰眼"（Eagle Eye）

"鹰眼"无人系统由贝尔直升机公司开发，其机体结构与 V-22 "鱼鹰"相似，都采用倾转翼设计，在其问世的一段时间里被认为极可能成为海岸警卫队的标准舰载无人飞行器，在海岸警卫队的广域海上监视项目"深水"中担负重要的角色。该飞行器首飞于 2006 年 1 月，但在当年 4 月的一次试飞中原型机坠毁。由于始终未能解决一些技术问题，2008 年海岸警卫队宣布放弃该项目。之所以仍在此提及这种飞行器，主要是由于它的性能极为突出，其设计很可能未来会再次采用（就像韩国航空航天研究院开发的 SMART 飞行器一样）。贝尔公司还联合法国 SAGEM 公司联合向法、德等国推销"鹰眼"，但取得突破的可能不大。

▲ "鹰眼"倾转翼无人飞行器。（美国海岸警卫队）

"鹰眼"性能参数

翼展 4.63 米、机身长 5.46 米，起飞重量 1500 千克，续航时间约 8 小时，实用升限 6100 米，动力装置采用一台普惠公司的涡轮轴引擎（驱动两副旋翼）。

30 >> "亚瑟王神剑"（Excalibur）

"亚瑟王神剑"无人飞行器由美国极光飞行科学公司开发，是一种可垂直起降、用于近距离空中支援的作战型无人系统，项目由陆军航空兵应用技术委员会负责管理和资助。最初，计划设计制造一架 325 千克的概念验证飞行器，其动力系统较为复杂，一台可倾转的涡轮引擎位于其机身中部重心所在位置，其余电动螺旋桨推进器则位于主翼翼尖和机鼻处。在完成概念验证样机后，制造商随即展开全尺寸原型机的研制，最终设计和制造了 1815 千克重的飞行器，它可携带 4 枚"地狱火"导

▲ "亚瑟王神剑"垂直起降近距离空中支援无人飞行器。（极光飞行科学公司）

弹，在低海拔其最大速度仍可达到 560 千米 / 时。其武器配置方式较为特别，不像其他飞行器武器挂载在机翼或机腹下，"亚瑟王神剑"的武器挂载在机翼上方，这样可防止低飞或起飞时杂物对武器造成损坏；在需要发射武器时，飞行器则翻转机身使武器处于正常位置。原计划该机挂载武器的试飞在 2007 年进行，但由于开发进度拖延，挂弹试飞推迟到 2009 年 6 月 24 日。

"亚瑟王神剑"规划性能参数

　　翼展 6.4 米、机身长 7.01 米，起飞重量 1179.34 千克（负载 181.44 千克，空重 317.51 千克），续航时间约 3 小时，最大飞行速度 847 千米 / 时、巡逻速度 184 千米 / 时，最大升限 12200 米，动力装置采用一台威廉姆斯涡扇引擎。可携带多种轻型对地攻击弹药，包括"地狱火"、APKWS II、"毒蛇—打击"以及新的"长钉"导弹。初期研制的试验飞行器翼展为 3.048 米、机身长 3.96 米。注意，此处两组翼展及机身长数据并不包括翼尖及机鼻处推进器叶片的长度。

31 >> BQM-147 "可消耗无人机"（Exdrone）

与航空环境公司开发的"指示器"无人飞行器类似，由约翰·霍普金斯大学应用物理实验室开发的"可消耗无人机"也是一种微型无人飞行器，其定位是低成本、可消耗，主要用于通信干扰和阻塞，这也是该机名称（expendable drone）的由来。该型无人飞行器首飞于1986年。1988年，美国陆军曾从BAI公司（现已并入L-3通信公司）采购了14架该飞行器。BAI公司从1989年开始向军方交付。由于军方需要大量采购，一家公司生产能力无法满足军方采购，军方又选定了加拿大RPV工业公司作为该飞行器的生产商，生产合同也于当年签订。但1990年，由于加厂方产品控制系统问题，生产合同被取消，最终所有飞行器仍由BAI公司生产。当时，陆战队也对"可消耗无人机"较感兴趣，看中了其侦察监视能力。在1991年"沙漠

▶ "可消耗无人机"微型飞行器。
（NASA）

> **"可消耗无人机"性能参数**
>
> 翼展2.5米、机身长1.62米，全重41千克，升限3048米，续航时间2.5小时，最大飞行速度184千米/时，巡逻速度120千米/时。

◀ BQM-147A "可消耗无人机"的外形类似于以色列的"哈比"无人机。

风暴"行动中,陆战队利用该飞行器监视伊拉克布设的障碍。

1998 年,陆战队将其拥有的 40 余架"可消耗无人机"升级为"龙"无人机,新机型配备有新的自动驾驶装置及增强型的传感器,军方采购量达到 400 余架。

巴林军方也拥有一套"可消耗无人机"系统。

该飞行器采用三角飞翼式设计,尾部有一片垂直尾翼,由一台 8.5 马力的单缸 2 冲程引擎驱动螺旋桨推进器(位于机首)驱动。机体还可携带一个副油箱,可将其航程由 120 千米提升至 360 千米。机体配备的常规传感器是前 / 下视电视摄像机,也能换装激光测距仪、红外成像仪、电子干扰 / 阻塞设备或者通信中继设备等。可对其飞行路线进行预编程设定,也可在飞行过程中临时调整,其自动驾驶仪还集成一部 GPS 接收机,可对机体进行定位。

32 >> "发现者"（Finder）

　　"发现者"无人飞行器是由海军研究实验室开发的小型飞行器，它主要在空中进行发射并操作。最初，它作为国防威胁降低局（DTRA）"防扩散 II"项目下的先进概念技术演示子项目进行开发（2004 年该演示项目结束），主要用于自动搜寻、探测化学战剂。"发现者"意即"可消耗的飞行插入式侦察探测系统"（FINDER）。1998 年 5 月，海军研究实验室获得了这份为期 3 年的开发合同，随即展开研制，其原型机样机于 2000 年 3 月首飞成功。

　　"发现者"飞行器采用传统单翼机体布局，其螺旋桨推进器由电动引擎驱动位于机尾，与"掠食者"无人机较为相似。最初为其配备的负载是一个点状离子光谱仪，能在"发现者"飞行途中对沿途大气进行取样和分析。2007 年，陆军采购的两架"发现者"配备了红外成像仪和一个激光指示器。最初的设想是，"发现者"将由"掠食者"吊挂在后者主翼下硬挂点，携带到空中发射，吊挂时"发现者"的主翼向内折叠 90 度与机身平齐，发射后主翼再展开伸直。

"发现者"性能参数

　　翼展 2.62 米、机身长 1.60 米，全重 26.8 千克（负载 6.1 千克），续航时间约 6.5 小时（最大 10 小时），最大飞行速度 160 千米／时、巡航速度 129 千米／时、巡逻速度约 112 千米／时，任务半径约 80 千米（到达任务区后还可巡航 2 小时），最大航程约 960 千米，实用升限 4600 米。

33 >> GO-1"全球观察者"（Global Observer）

"全球观察者"无人系统是航空环境公司研制的电动无人飞行器，DARPA 对其提供了资助，其目标是开发一种实用的超长航时无人侦察飞行器。第一架"全球观察者"样机于 2005 年成功首飞。它是全球第一架采用氢动力的大型无人飞行器，整机采用传统的上单翼、箱体机身和衍架式尾撑布局，6 台由氢燃料电池电动马达驱动的螺旋桨推进器分布在主翼前缘。航空环境公司指出氢燃料电池的能量输出转化效率较高，这也是其动力系统能支撑机体超长航时、超高升限巡航的重要原因（公司称传统动力飞行器无法在 10000 米高空连续航程超过 2 天）。在向军方演示该系统的性能后，军方深感其未来军用潜力，于 2007 年批准将其作为一项联合概念技术演示（JCTD）项目进行资助。第一阶段开发出的样机称为"全球观察者 –1"（GO-1）。2007 年，航空环境公司获得开发合同，制造出数架 GO-1 飞行器用于评估。

GO-1 性能参数

翼展 53.4 米，起飞重量 1800 千克（负载 160 千克），续航时间约 168 小时。

◀"全球观察者"超长航时无人飞行器。（航空环境公司）

34 >> "金眼"(Golden Eye) 80/50

　　"金眼"系列飞行器由美国极光飞行科学公司开发，公司开发这种涵道风扇（位于桶状机身头部）垂直起降飞行器原本是为参与 DARPA 的"基本飞行器 Class II"（OAV II）项目的竞标。项目最终由极光飞行科学公司与通用动力、机器人系统及诺斯罗普·格鲁曼公司组成的开发团队与杭尼韦尔（Honeywell）公司为首的团队进行最后的竞争。2006 年 6 月，该飞行器被选取进行项目第三阶段的开发。在最后的竞标中，杭尼韦尔公司的 T-hawk 尽管赢面甚大，但"金眼"飞行器仍在 DARPA 的支持下继续开发。

　　"金眼"系列飞行器的第一个型号"金眼 100"于 2003 年 9 月 8 日试飞，该机型也是 DARPA"机密"无人机项目的概念验证机。该系统下一个型号是"金眼 50"，其桶状机身两侧附有两片可倾转的翼面（可动翼面设计也应用到"金眼 80"上），机体以垂直方式升空和降落，到达空中后利用倾转翼面使机体改为近水平飞行状态。公司总共制造了 12 架"金眼 50"原型机，其首飞于 2004 年 7 月。

　　"金眼 80"首飞于 2006 年 11 月 6 日，但直至 2009 年 8 月 10 日，该

"金眼 50"性能参数

　　机体高 0.85 米、机身直径 0.46 米、翼展 1.37 米，起飞重量 7.7 千克（负载 0.9 千克，也有资料称为 1.4 千克），续航时间约 0.75 小时，最大速度 110.5 千米/时，实用升限 1500 米。

机型才公开展示。与 STA、法国伯蒂（Bertin）及意大利塞莱克斯·伽利略公司制造的类似采用涵道风扇垂直起降的无人飞行器相比，"金眼"系列的体积明显要大一些，其高度接近成人身高，负载配置在机身四周的舱室内。极光公司发布的一段视频显示，该飞行器垂直升空后，其机体倾斜一定角度水平飞行，而非完全翻转成水平状态。"金眼 80"机体在设计时还注重了降噪措施，以降低其飞行噪声。其负载包括激光指示器 / 测距仪、光电 / 红外传感器等。飞行器动力为一台采用重油的内燃式引擎。

"金眼 80"性能参数

　　机身高 1.65 米、机体直径 0.91 米，翼展 2.92 米，全重 81.7 千克（负载 11.3 千克），续航时间约 3 小时（110 千米 / 时的巡航速度），最大飞行速度 166 千米 / 时，实用升限 4570 米。

▲ "金眼 80"涵道风扇垂直起降无人飞行器。（极光飞行科学公司）

35 >> "高升限飞艇"（HAA）

　　"高升限飞艇"由洛克希德·马丁公司研制，该项目由国防部导弹防御局（MDA）资助，旨在开发一种可持续滞空的远程导弹预警平台。

2002年第三季度，国防部将该项目列为先进概念技术演示目标，洛克希德·马丁公司于2003年9月赢得开发合同。军方提出的性能要求包括，

◀"高升限飞艇"无人飞行器。（洛克希德·马丁公司）

"高升限飞艇"性能参数

　　艇身长122米、直径36.5米，推进器叶片直径7.62米，最大负载227千克，续航时间约1个月，最大速度130千米/时，升限18300米。据洛克希德·马丁公司称，未来生产型飞艇的性能参数将达到：艇身长152米、直径45.7米，最大负载500千克，续航时间超过1年，最大升限达到20000米。

美军正在研制高空飞艇，用于侦察和监视任务。

可携带 1814.37 千克负载在 2 万米高空长期滞留。2004 年 10 月，军方对项目设计进行了审查，对洛克希德·马丁公司的开发进展较为满意。2005 年 7 月，由于军方对此飞艇的负载需求戏剧性地降低，项目也随之进行了调整。在新需求的基础上，洛克希德·马丁公司与军方签订了新的开发合同（于 2010 年 11 月 30 日到期）。飞艇采用太阳能电池供能，样艇的太阳能电池板可提供超过 3 千瓦的功率（生产型将达到 10 千瓦），为包括雷达在内的各种艇载负载供能。样艇的动力系统采用两台电动马达配合锂离子充电电池，驱动大直径叶片螺旋桨推进器推动（马达及推进器位于艇身两侧）。

36 >> "杀手蜜蜂"（Killer Bee）/ "蝙蝠"（Bat）

　　"杀手蜜蜂"无人系统由美国雨燕工程（Swift Engineering）公司开发，这是一种低升限长航时攻击飞行器。其初始设计的作战概念是由作战飞机布撒 3 架、5 架，甚至是 10 架飞行器组成机群集群作战。2009 年 5 月，整套系统设计及生产被出售给诺斯罗普·格鲁曼公司，后者称其为"蝙蝠"。该项目也曾授权给雷声公司生产，后者制造后称其为"杀手蜜蜂 -4"（意即该机型的第四种版本）。因为该系列产品的设计及归属问题，曾引起雷声公司与诺斯罗普·格鲁曼公司的争执。雷声公司称其获得了此无人系统的生产授权，有权将其尺寸缩小或放大后生产，而诺斯罗普·格鲁曼公司则拒绝前者对此无人系统的任何设计上的修改。此后，"蝙蝠"无人系统取代了原称"杀手蜜蜂"成为诺斯罗普·格鲁曼公司的产品（也是雨燕工程公司直系生产的产品），而"杀手蜜蜂"则成为授权雷声公司生产的版本。

　　雷声公司生产出"杀手蜜蜂 -4"用于竞争陆战队小型战术无人空中系统（STUAS）"蒂尔 II"的竞标，雷声公司明确希望用其专利的两段式雾化技术以及特定点火器来改造其引擎，使其能在不更换高压缩比的柴油机的前提下使用重油作燃料。雷声公司在推广此飞行器时称，该飞行器采用混合的翼身结构设计，使其负载容积达到 0.096 立方米，而传统机身同尺寸的无人飞行器只能提供约 0.015 立方米的负载容积；并强调了其设计未来进一步修改的潜力，包括为其配备 5 千克武器，使其具备攻击能力等。

"杀手蜜蜂" 性能参数

　　翼展 3.1 米（有资料认为 3.04 米）、机身长 1.92 米（有资料认为 1.8 米），全重 74.4 千克、负载 22.3 千克（有资料认为两项数据分别为 77 千克和 30 千克，可能这包括油料装载后的重量），飞行器实用升限 3050 米，续航时间约 15 小时，巡航速度约 100 千米 / 时，动力装置采用一台 17 马力的活塞式汽油引擎。

▼ 2009 年巴黎国际航展上，雷声公司展出的 "杀手蜜蜂" 无人飞行器。（诺曼·弗里德曼）

37 >> "翠鸟 II"（Kingfisher）

　　"翠鸟 II"无人飞行器由沃特（Vought）公司开发，可使用滑橇从水面上起飞和降落。最初沃特公司希望"翠鸟"能赢得海军濒海战斗舰支援飞行器的竞标，但后来败给了 RQ-8 系列"火力侦察兵"无人直升飞行器。要注意的是，沃特公司开发的无人水上飞行器直接称为"翠鸟 II"，并没有"翠鸟 I"飞行器。整个飞行器采用常规单翼布局、双尾撑结构，由于要在水面操作，其进气口位于机体上方。

◀"翠鸟"无人机模拟图。

"翠鸟 II"飞行器性能参数

　　翼展 12.5 米、机身长 11.58 米，起飞重量 4309.12 千克（负载 1133.98 千克，空重 1197.66 千克），实用升限约 13700 米，最大飞行速度为 635.5 千米／时、巡航速度达 460.5 千米／时（7620 米），动力装置采用一台 1859.73 千克推力的 PW545B 型喷气引擎。

38 >> "合成者"（Integrator）

"合成者"飞行器是波音公司和英斯提图（Institu）公司联合开发，准备参与陆战队小型战术无人空中系统（STUAS）"蒂尔 II"竞标的飞行器，该飞行器于 2007 年 8 月由波音公司公布，它采用双尾撑结构，螺旋桨推进器驱动。

"合成者"性能参数

翼展 4.8 米、机身长 2.1 米，起飞重量 59 千克（负载 23 千克），实用升限 6100 米，续航时间约 24 小时，巡航速度为 110 千米 / 时。

39 >> L15高空监视飞艇

　　L15 型飞艇是由飞艇监视公司开发的高空长航时监视侦察飞艇，该飞艇于 2008 年 3 月完成首次自主飞行试验。整个飞艇下方未设计吊舱，其螺旋桨推进器位于艇尾，此外，艇尾还有三片尾鳍。L15 飞艇也是该公司组建以来开发的首款产品，公司称，飞艇在飞行时从其头部会产生一层均匀覆裹整个艇身的层流，这样可最大程度地减少飞行阻力，提高动力效能。

L15 高空监视飞艇性能参数

　　负载 453.59 千克，高度 4570 米进行各类监视任务的能力，续航时间约 50 小时，平飞速度约 92 千米 / 时。

40 >> 长航时多情报收集飞行器（LEMV）

"长航时多情报收集飞行器"（LEMV）是一种概念性的长航时情报收集平台，2009 年国防部发布了关于该项目的性能需求，包括能够在 6100 米中空连续滞空 3 周以上，可携带共 1133.98 千克重的多种广域传感器（光电 / 红外、合成孔径雷达 / 地面动态目标指示雷达、探地雷达以及信号情报收集分析及处理设备等）负载。显然，军方急于开发这种平台是为了应付反恐战场上越来越频繁的 IED 装置。利用长航时多传感器平台持续监视特定区域，对于防止恐怖组织利用夜间埋设爆炸物收效明显，这也是在阿富汗战场上验证过的。这种滞空平台在具体应用时，利用其搭载的多种传感器持续探测同一片区域的不同变化，例如，电子信号情报收集该地区的无线通信，光电及红外传感器探测地面的细微变化，探地雷达则用于对可疑地面进行渗透探查，通过综合多种探测方式，使各类爆炸物无法遁形。该飞艇除采用无人驾驶模式外，也可搭载操作人员进行操作。2009 年，国防部预期将于 18 个月内向阿富汗部署 LEMV 原型艇用于实地试验，2010 财年更为该项目列编

▲ LEMV 长航时飞艇，它既可由人员驾驶，也可无人使用。（洛克希德·马丁公司）

8000 万美元预算。

2009 年 9 月初，在国防部公布开发事宜及性能需求后，数家防务企业陆续提交了自己的方案设计，包括洛克希德·马丁公司臭鼬工厂设计的 76.2 米长的飞艇，它采用氦气作为升力气体提供 80% 的升力（剩余 20% 由动力系统提供），安全性较高。

▲ LEMV 飞艇具有航程远、效率高、成本低等优点。

它采用三体式柔性外壳而未采用刚性艇壳设计，使其无法利用其他刚性飞艇发射和回收时的基础设备。主艇艇身下方为负载吊舱，吊舱长 12.2 米、宽 4.57 米、高约 2.13 米，整个系统由 3 组螺旋桨推进器驱动，推进器位置可倾斜调整，飞艇在起飞和降落时，推进器位于垂直位置提供升力，到达空中需要机动时则改平产生水平推力。除洛克希德·马丁公司公司外，英国的混合飞行器也参与竞标。

◀ LEMV 飞艇首次试飞的场景。共持续 90 分钟，有两位飞行员负责试飞。

▲ LEMV 飞艇正在进行试飞训练。

41 >> "灰鲭鲨"（Mako）/XPV-2

　　"灰鲭鲨"是纳夫玛（Navmar）应用科学公司开发的低成本长航时微型无人飞行器。目前，美国特种作战司令部共拥有 30 余架该型飞行器，并在"自由伊拉克"行动中多次成功运用这种飞行器。在纳夫玛应用科学公司的网站上，公司称包括美国空军、海军空中系统司令部、水面系统司令部，海军研究办公室、空间和电子战司令部等多家军方机构都采用了"灰鲭鲨"无人系统。该飞行器采用传统结构和双尾撑机体布局，由一具螺旋桨推进器驱动，利用弹射装置可从多类平台上起飞。

◀ "灰鲭鲨"无人机是美军经历过伊拉克战争的一款高可靠性无人机。

"灰鲭鲨"飞行器性能参数

　　翼展 3.86 米、机身长 3.02 米，全重 64 千克（负载 13.6 千克），实用升限 3048 米，航程约 74 千米，续航时间超过 7 小时，最大飞行速度 129 千米/时、巡航速度 83 千米/时，动力装置采用一台 10.5 马力的活塞内燃式引擎。

42 >> "幼畜"（Maverick）

　　"幼畜"飞行器是皮奥里亚（Prioria）机器人公司开发的类似鸟类的微型无人飞行器，目前可能已在军方特种作战部队服役。该机型的生产始于 2008 年 2 月。平时，飞行器贮存于直径为 15.24 厘米的管状发射筒中，其主翼采用柔性材料制成，可折叠后包裹在机身上，这样便于

▼"幼畜"微型无人飞行器。（皮奥里亚机器人公司）

"幼畜"性能参数

　　翼展 0.75 米、机身长 0.67 米，全重 1.13 千克（负载 100 或 300 克），续航时间超过 50 分钟，数据链传输距离约 5 千米，最大飞行速度 103 千米 / 时、巡航速度 48 千米 / 时、失速速度 33.2 千米 / 时，最大升限 4880 米（理论升限 7620 米）。

贮存进发射筒。飞行器的动力采用电动马达驱动的螺旋桨推进器，推进器叶片可折叠，设备负载（可见光照相机）安装在机鼻部及机身两侧。这种飞行器极可能是国防部 2009 年《无人系统路线图》中所称的"战术微型无人飞行器"（TAC-MAV）。该飞行器的地面控制采用标准的空军便携式飞行计划系统，通过该系统可对飞行器进行任务规划，飞行途中也可对任务进行调整，或者通过其手动遥控飞行器。该飞行器主要配备排、班及火力小组一级战术部队，根据《路线图》中的说明，由于前线士兵抱怨该飞行器对使用环境的天气状态较为敏感，缺乏稳定性，提供图像质量较差，且没有红外成像设备不具备全天候使用能力，显示屏上没有方格坐标不易定位目标等问题，目前原型号已停产。据称，生产商针对前线反馈的问题正在重新设计，包括新增一部可选的红外传感设备，以及延长飞行滞空时间等。

43 >> "走狗"（Minion）

2003年9月，洛克希德·马丁公司臭鼬工厂宣称将开发一种可由F-22这类战斗机挂载并发射的无人飞行器，该飞行器挂载在战斗机翼下，其结构和外形与英法联合开发的"风暴阴影"（Storm Shadow）巡航导弹较为相似，该导弹发射重量3400千克，射程为1850千米。与"风暴阴影"相比，"走狗"机体上明显有负载舱段，可容纳各类负载（一部微波干扰机或4枚100千克GPS制导小直径炸弹）。理论上，使用这种攻击性无人飞行器须两架战机配合，一架担负掩护任务随时应对各类威胁，另一架发射无人机，控制其向目标发动攻击。发射后，无人机在完成任务后，能自动返航并以常规方式着陆回收。就作战方式上看，该飞行器与洛克希德·马丁公司开发的AGM-158"联合防区外空地导弹"（JASSM）有一些共通之处。

目前该项目的具体情况仍不得而知，有消息称这种与巡航导弹类似的飞行器曾在臭鼬工厂进行开发，2003年前就已完成制造并进行大量试验；也有消息称，这种飞行器在2003年时已用于伊拉克战争。

◀"走狗"无人机设想图。

44 >> "奥德赛"（Odysseus）

　　"奥德赛"飞行器是由极光飞行科学公司开发的超长航时无人机，该项目的开发获得了DARPA的资助。飞行器采用模块化Z形翼以及由太阳能电池板供能的无刷式电动马达驱动。每侧主翼配备两部由马达驱动的螺旋桨推进器。在飞行过程中，飞行器主翼可根据太阳光照射情况自动变化形状和位置，以便最大程度地获取太阳能。飞行器主翼配置有多个十字形控制舵面，控制舵面安装在每个长度固定的翼弦模块中央点向后延伸的桁架上。该飞行器的起飞升空也与常规飞行器不同，计划构想是将整个机体分为三个部分，各部分分别升空后，在空中三段机身完

"奥德赛"参数参数（估计）

　　翼展152.4米、机身长约24.4米，起飞重量为3084.43千克（负载453.59千克），续航时间可达到4.4万小时（4年），实用升限约2万米，巡航速度在昼间为226千米/时、夜间为155千米/时。

▲ "奥德赛"长时太阳能无人机原型机之

成对接组合成整个飞行器。2012 年完成一架小比例原型机的制造，验证其续航时间（90 天）。

"奥德赛"飞行器项目是 DARPA 主导下更大的"秃鹰"（Vulture）项目的一部分，后者是为了开发一种超长航时的无人飞行系统。2008 年 4 月，DARPA 与极光飞行科学公司、波音公司以及洛克希德·马丁公司签订了 400 万美元的开发合同，由几家公司对概念设计提出具体的方案，其目标是要能在 20000 米高空可持续地获取高分辨率战场图像。波音和洛克希德·马丁公司提出的方案翼展都超过 91.5 米，能够携带 450 千克负载（负载能源输入功率约 5 千瓦），在空中连续滞留达 5 年以上，飞行器升限 19800 ~ 27500 米。项目第 1 阶段（2008—2009 年）属于概念设计和完善阶段，在完毕前 DARPA 将对系统设计需求进行审查，以确保可行性和可靠性；第 2 阶段（2009—2012 年）进行原型机制造和开发，计划制造一架小比例的验证样机，它要能在空中连续滞空 3 个月以上；项目的第 3 阶段将制造一架全比例原型机，它能要连续滞空 12 个月，期间要完成机载负载设备的调试和完善。

为了验证各自的设计方案，波音提出的第 2 阶段试验样机是"西风"（Zephyr）太阳能无人飞行器，其翼展达到 30 米（全重仅 30

◀"奥德赛"原型机 2，采用了更为有效率的 W 型设计。

千克）。洛克希德·马丁公司提出的样机则要大一些（据称其小比例验证机机长超过 90 米，且从一艘软式飞艇上发射），其尾部可以旋转（用以优化捕捉太阳光）。

另外，一家加州新成立的飞行器设计制造公司——AC 推进力（AC Propulsion）公司也希望凭借其自行开发的"索隆"（SoLong）太阳能飞行器竞标 DARPA 的"秃鹰"项目。AC 推进力公司的"索隆"飞行器早在 2005 年前就进行了试飞，它采用太阳能和锂离子电池组成的动力设计方案，白天由太阳能电池板为引擎提供动力，同时为锂电池充电，夜间由锂电池供能。在其早期试飞过程中，曾连续在空中飞行了数天。"索隆"飞行器体型较小（翼展 4.76 米、全重 12.8 千克，电动马达功率约 1 马力）。

由于"秃鹰"项目更多强调飞行器的超长航时特性，对飞行器速度以及反应能力的性能并未特别要求，因此为弥补这一不足，DARPA 构想了"快速眼"（Rapid Eye）项目。"快速眼"项目更强调反应速度，项目准备采用弹道导弹来运载无人飞行器，在需要时将导弹射向需要监视区域，导弹到达目标区域后释放出其弹头中的无人飞行器，飞行器在目标区高空点火启动利用其机载传感设备遂行任务。根据其构想，要求作为负载的飞行器必须能够折叠以适应窄小的导弹载入舱，而且飞行器要能在 20000 米左右的高空连续滞空 7 ~ 15 小时，其动力装置必须要能在缺氧的高空立即启动。

45 >> "猎户座HALL"（Orion HALL）

　　"猎户座 HALL" 飞行器是极光飞行科学公司开发的高空长航时飞行器，其名称中的 "HALL" 意即高升限、长徘徊时间。它采用上单翼、单垂尾、水平尾翼及三点式起降架的常规飞行器结构布局，一部大直径螺旋桨推进器位于机首。该飞行器比较特别的是其机体较为肥大。目前，包括陆军、空军等多个军方机构都对这种飞行器表现出兴趣，虽然它外表极为普通，甚至可算是 "粗陋"，但它最特别之处在于应用新型燃料引擎，成为验证未来新能源飞行器极佳的平台。与平常使用汽油、柴油等燃料的内燃式引擎不同，"猎户座 HALL" 采用液态氢作为燃料。极光飞行科学公司称，飞行器大量采用商用现货及系统，具有较高的可靠

◀"猎户座 HALL" 高空长航时无人飞行器。（极光飞行科学公司）

"猎户座 HALL" 性能参数

　　翼展 40.2 米、机身长 17.4 米，起飞重量约 3175 千克（负载 181 千克），续航时间约 100 小时（以 100 ～ 136 千米 / 时的速度在 20000 米高空飞行时）；如果飞行高度在 13700 米时，续航时间将进一步增加到 160 小时。

性。美国陆军空间和导弹防御司令部主要资助了该飞行器的研制和两架样机的制造，这两架原型机的制造始于 2006 年，当时预计第一架原型机首飞于 2009 年底或 2010 年初进行。

波音公司也是整个项目中的开发伙伴，极光公司在描述"猎户座 HALL"飞行器时称，极光公司与波音公司在大型长航时双引擎无人机的概念研究方面共同进行开发和试验，这意味着项目可能也借鉴了波音公司早年开发的"秃鹫"项目的成果，后者也是一种长航时双引擎飞行器。"秃鹫"飞行器本身也是美国第一种真正意义的高空长航时飞行器，它主要由波音公司自筹资金开发，国防部只提供了有限经费。开发"秃鹫"时，为了获得高升限、长航时性能，飞行器采用了极不常见的超长主翼（其翼展达到 61 米，几乎和波音 747 翼展相似，机身长 20.7 米），为减轻结构重量，机身大量采用一次成型的箱形桁架结构。它的起飞重量达到 9071.8 千克，但其重量的 60% 都由燃料组成，负载能力只有约 816.47 千克（不计飞行控制系统重量），其动力装置采用 2 台 175 马力的 2 段式涡轮增压活塞引擎，驱动两具叶片直径为 4.877 米长的螺旋桨推进器。由于机体体积过于庞大，为了便于运输，"秃鹫"飞行器还被设计成可快速拆卸和装配，如此才能塞进 C-5 战略运输机的机舱。考虑到"秃鹫"本身有限的动力，飞行时它不得不花费 2 ~ 3 小时爬升到 20000 米的飞行高度，其巡航速度约 370 千米/时。1988 年 10 月 9 日，"秃鹫"飞行器首飞，创下了活塞式飞行器的升限纪录和滞空时间纪录，分别为 20430 米和 58 小时 11 分，其航程估计可达 35000 千米。而且在首飞中它还第一次搭载了卫星数据链天线。事实上，"秃鹫"飞行器当年的成功及其一个个飞行纪录也激发了后来众多高空长航时航空器不断向更高、更长挑战。当年，DARPA 曾配合过"秃鹫"的试验飞行，之后也利用该飞行器进行了多次试验。

虽说新的"猎户座 HALL"飞行器可能从"秃鹫"身上获得了灵感，但它本身也采用了大量的新技术，2009 年中期，波音和极光公司希望能在 2010 年第三季度对原型机进行 48 小时连续滞空试飞。与"秃鹫"相比，"猎户座 HALL"飞行器最大的革新就是采用氢燃料电池，它的动力装置采用福特公司的液态氢燃料电池技术，与以往利用氢气作动力的飞行器相比，将氢转化为液态利于储存并提高了引擎使用时间（但以液态储存氢气也需要复杂的高压冷却装置，而且富含氢气的环境对防爆也有很高要求）。

46 >> 精确（目标）获取武器系统（PAWS）

2009年11月，空军研究实验室宣布将开发精确（目标）获取武器系统（PAWS），该项目是专为特种作战司令部开发的联合概念技术演示（JCTD）项目。系统采用佛罗里达州CLMax工程公司开发的微型无人飞行器作为系统飞行器。该公司网站上显示这种微型无人飞行器采用飞翼式结构，可由一架更大的无人飞行器携带，其本身亦搭载有小型弹药。PAWS联合概念技术演示项目的开发目标是为特种作战力量提供一种可在多种作战环境中使用的（特别是复杂、视线受阻的城市战环境）、具有多目标攻击能力的支援性火力平台，它要能尽量避免造成附带毁伤和误伤，在使用该飞行器进行攻击时操作人员还要能从飞行器视角监控整个攻击过程。

47 >> "幻影射线"（Phantom Ray）

2009 年 5 月 8 日，波音公司公布了其自行开发的"幻影射线"无人空中作战系统，该无人系统采用波音原来为联合无人空中作战系统（J-UCAV）项目（该项目后来被取消）开发的 X-45 飞行器的机身。波音预计于 2010 年 12 月对"幻影射线"进行试飞，并在 6 个月时间内进行数十次飞行试验，如果一切顺利的话，那么该机型将作为波音参加 MQ-X 项目的竞标机型。"幻影射线"的不少设计继承自之前的 X-45 系列飞行器。2000 年 9 月 X-45A 型飞行器完成样机试制。X-45A 被视

◀"幻影射线"无人飞行器，与波音早期开发的 X-45C 飞行器较为相似。（波音公司）

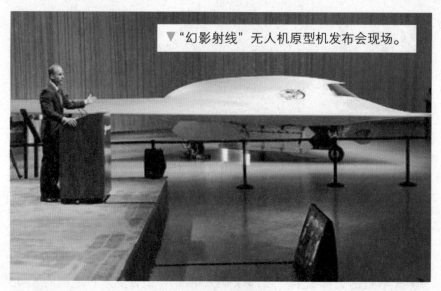

▼ "幻影射线" 无人机原型机发布会现场。

◀ "幻影射线" 无人机作战构想图。

为技术演示平台，在完善了设计后，形成了新的 X–45B 型飞行器，之后则是 X–45C 型，其作为最终原型机参与 J–UCAV 的竞标（最后

"幻影射线" 估计性能参数

　　翼展 14.9 米、机身长 11.9 米，全重 16600 千克，飞行速度约 0.85 倍音速，实用升限 12200 米，任务半径约 2400 千米，动力装置采用 1 台通用电气公司的 GE F404–GE102D 涡扇引擎（3175.14 千克推力）。

诺斯罗普·格鲁曼公司的 X–47B 型飞行器在竞标中胜出）。从"幻影射线"飞行器的图片来看，该飞行器仍采用全飞翼式设计，与 X–45A 飞行器的后掠式主翼完全不同，而与 X–45C 有些相似。

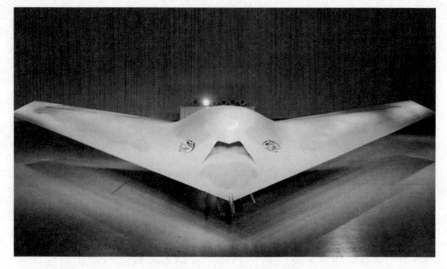

▲ "幻影射线"的外形与 B–2 隐形轰炸机颇为相似。

48 >> "指示器"(Pointer)/FQM-151A/PUMA

　　"指示器"微型无人飞行器由航空环境公司于20世纪80年代开发，也是第一种实用化的手持投掷发射的无人系统。"指示器"的问世源于航空环境公司于1986年的一次风险投资，在将原创设计实体化后，1988年公司将4架飞行器送往美国陆军用于试验和评估。陆军也是首次接触类似的单兵使用无人系统，在经过评估和试验后于1989年与陆战队一起追加定购了24架飞行器用于扩展评估。评估完成后，陆军和陆战队都表现出采购意愿，并很快与航空环境公司签订了采购合同。1990年年初，第一批"指示器"无人系统（共50套）交付军方。在1991年的"沙漠风暴"行动中，陆军和陆战队都大量使用了刚装备的"指示器"飞行器。最初，军方主要利用它来检查己方部队的隐蔽和伪装效果，后来也用于对作战效果进行评估以及战场监视。

　　"指示器"是一种手持投掷发射的飞行器，任务完成或丧失动力后利用其机腹在地面滑行着陆。该飞行器采用上单翼、无水平尾翼、单垂直尾翼常规结构布局，螺旋桨推进器由电动马达驱动位于机翼中部后侧，其主翼外侧略上翘，动力装置为电池驱动的350瓦马达。在第一次海湾战争期间，"指示器"在战场进行过升级，主要

▲"指示器"无人机正在接受调试。

"指示器"性能参数

翼展 2.74 米、机身长 1.83 米，全重 4.3 千克，飞行速度约 80 千米 / 时，实用升限 300 米，续航时间约 1 小时（配备基本电池时），如采用充电式电池，续航时间约 20 分钟。

是加装基于 GPS 的自动导航装置，这极大减少了遥控人员的工作量。由于该飞行器几乎可算是美军首先大量采用的微型无人系统，对后来类似微型无人飞行器的开发影响较大，例如航空环境公司后来开发的 RQ-11 "大鸦" 系列微型飞行器就直接继承自 "指示器"。

后来随着 "指示器" 飞行器性能逐渐不能满足军方需求，航空环境公司对其进行了重要的升级，改装项目称为 "指示器升级项目能力"（PUMA），亦简称 "美洲狮"（Puma），希望利用新 "美洲狮" 微型飞行器替换陆军连一级部队广泛配备的 "指示器" 无人系统。"美洲狮" 的全重为 6.35 千克，远高于原来的 4.3 千克，它主要分为两个版本，（分别是陆上使用型号和水上使用型号。2008 年，航空环境公司综合以上两种使用环境的机型，重新设计了新的 "美洲狮—全环境型"（Puma-AE）飞行器，它后来被美国特种作战司令部选取为标准的小型无人空中系统（SUAS）。

◀ 士兵正在操作 "指示器" 无人侦察机。

"美洲狮—全环境型" 飞行器性能参数

翼展 2.6 米、机身长 1.8 米，全重 4.5 千克，最大飞行速度 96.5 千米 / 时、巡航速度 24 ~ 49 千米 / 时，最大升限为 3810 米，航程约 15 千米，续航时间约 4 小时（采用基本电池时）或 3 小时（采用充电电池），动力装置采用一部 600 瓦电动马达。

49 >> "扫描鹰"（Scan Eagle）/"洞察力" （Insight）/"夜鹰"（Night Eagle）

2002 年 2 月，美国海军将一项为期 15 个月的开发合同授予波音和英西图公司，由两家公司对其"扫描鹰"手持式微型飞行器进行完善。2002 年 1 月 19 日，"扫描鹰"飞行器首次完成全自主自动飞行，该飞行器由英西图公司的"海扫描"（Sea Scan）微型无人飞行器衍生而来，后者最初于 20 世纪 90 年代末开发，主要用于渔船探测海洋金枪鱼群。这种飞行器被军方看中后，演变为后来的"扫描鹰"。同时，该飞行器

▲ 在陆战队 2006 "沙漠魔手"演习中，陆战队士兵在尤马靶场准备"扫描鹰"的发射。（美国海军陆战队）

"扫描鹰"性能参数

翼展 3.05 米（有资料称为 3.10 米）、机身长 1.19 米，全重 18 千克，最大升限 5800 米，续航时间约 20 小时（速度为 120 千米／时），飞行器动力装置采用 1 台 1.5 马力的 2 冲程引擎。

"洞察力"飞行器性能参数

翼展 3.11 米、机身长 1.22 米，全重 20 千克（燃料和负载共重 6.58 千克），续航时间超过 20 小时，最大飞行速度 138 千米／时、巡航速度 88.5 千米／时，升限约 5800 米。

也吸收了英西图公司"洞察力"（Insight）飞行器的一些设计特点。在海军举行的"巨人阴影"演习中，"扫描鹰"充当了通信中继平台的功能，获得了军方的好评。2004 年 7 月，陆战队与波音公司签订合同，采购两套移动式"扫描鹰"系统，每套系统含 8 架飞行器。自 2005 年以来，海军也开始在其舰只上配备并使用这种飞行器。截至 2009 年中期，"扫描鹰"已完成 1.5 余万次舰上操作和使用。2009 年 4 月，由美

▶ "扫描鹰"个头小巧，便于部署。

◄ "扫描鹰"主要部署在水面舰艇上执行侦察与警戒任务。

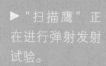

► "扫描鹰"正在进行弹射发射试验。

国海军"班布里奇"（Binbrdge）号驱逐舰配备的"扫描鹰"无人机，监视到货船"马士基·阿巴拉马"号上的海盗活动（当时这艘货船已被索马里海盗劫持），为后继解救行动提供了至关重要的情报。当月，加拿大军方也采购了这种飞行器为其驻阿富汗部队配备。

国防部 2009 年《无人系统路线图》中资料显示，陆战队在伊拉克共部署了 6 套"扫描鹰"无人系统，用于基地监视和安全；海军舰只上共部署了 12 套系统，其中 4 套用于支援地面作战行动；空军则部署有 2 套系统。

▲ 由于自身动力不足，"扫描鹰"需要依靠弹射起飞。

"扫描鹰"飞行器采用无尾设计，主翼略微后掠，主翼翼尖上翘成垂直安定面，机尾动力采用螺旋桨推进器。传感器由高分辨率相机或红外成像设备组成，传感器组位于机鼻下方，操作人员可遥控传感器的指向。该飞行器发射采用滑轨和助推装置，其回收更是与众不同，当飞行器降低速度靠近回收位置时，由一支长杆以近乎垂直的角度迅速夹住飞行器后段机身。

2003年，波音以"扫描鹰"原型机为基础，开发出系列飞行器，其中"扫描鹰A"具有15小时的续航能力，"扫描鹰B"加大了机体和燃料储量，其续航时间进一步延长到48小时；"扫描鹰II"换装了使用重油的引擎，提升了输出功率，使机体负载能力和续航时间都获得了提升（续航时间为24小

▲ 图为"扫描鹰"被回收系统拦截的瞬间。

时）；"扫描鹰 IV"机体增大，负载能力提升到 27.22 千克，续航时间仍为 24 小时；"扫描鹰 XS"则是一种可缩进管状发射筒的版本，其运输和

▲ 扫描鹰正在进行弹射发射试验。

部署较为方便，续航时间为 12 小时。波音公司在该系统的宣传手册中称，如果负载降至最低，飞行器的续航时间可进一步延长至 60 小时。

2009 年末，波音宣布开发折叠式"扫描鹰"（SECC）项目，并预计于当年 12 月试飞。这是波音自筹资金开发的项目，其目的是角逐空军的"统治者"（Dominator）计划。空军希望该项目开发出一种可由其他大型无人机或有人战机（如 F-22、P-8）在空中发射的无人飞行器，它可携带侦察设备或小型弹药，其回收可在地面或海面上进行。由于使用方式发生较大变化，新的"扫描鹰"在外形上显著不同于原来的型号，但仍大量采用与后者相同的系统和技术，并采用了不少波音公司开发的"小直径炸弹"（SDB）的设备及技术。该飞行器在发射时，其机翼、前置鸭翼、推进器将全部折叠起来，发射后才打开。根据波音公司的介绍，其性能参数如下：翼展 3.7 米、机身长 1.2 米，巡航速度约 147 千米 / 时，最大飞行速度（俯冲）212 千米 / 时，续航时间约 14 小时（如果不装载弹药续航时间将延长至 24 小时）。计划为其搭载的弹药是 3 枚智能 BLU-108"双向飞碟"弹药，也可搭载其他制

导弹药或火箭。新飞行器的光电／红外传感器组也比现在"扫描鹰"搭配的体积更大，如不配光电／红外传感器，也可换装合成孔径雷达、激光指

▲ "扫描鹰"弹射发射的瞬间。

示器以及 1 部核生化探测设备。

同样在 2009 年年底，英西图公司公布了其"夜鹰"飞行器的开发项目，这也是一种"扫描鹰"的改型，搭载一部中波红外成像负载，修改了机鼻传感器组的设计，可同时携带光电和红外负载，同时机体中部也增设了一个腹鳍。

50 >> "圣甲虫"（Scarab）/324型

　　"圣甲虫"无人系统是由泰勒·雷恩（Teledyne Ryan）公司为埃及军方开发的无人侦察飞行器，该公司现已并入诺斯罗普·格鲁曼公司。埃及军方之所以对此类无人飞行器感兴趣，是由于以色列军方在1982年黎巴嫩战争时成功地运用无人机给其留下了深刻印象。由于自身缺乏

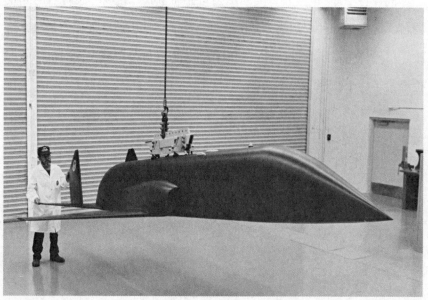

▲ 美国空军 BQM-145A 型中航程无人侦察飞行器由原为埃及军方开发的"圣甲虫"飞行器演化而来，两者外观和配置基本相同，图中飞行器为摄于1991年10月1日的一架正在进行试验的 BQM-145A 型飞行器。（诺斯罗普·格鲁曼公司）

相关开发能力，埃及军方便委托该公司进行开发。考虑到"圣甲虫"设计开始于 20 世纪 80 年代，它主要采用模拟控制技术也就不足为奇了。由于泰勒·雷恩公司本身曾开发过"火蜂"（Firebee）无人侦察系统，所以在"圣甲虫"飞行器上也采用了类似的高速喷气引擎。泰勒·雷恩公司总共为埃及军方提供了 56 套该型系统（两个中队），到 2008 年时，埃及军方还每个月进行一次该系统的试用飞行，以保持训练和系统的运行状态。

"圣甲虫"飞行器性能参数

翼展 3.66 米、机身长 6.10 米，全重 1134 千克（负载 113.4 千克），航程约 3130 千米，飞行速度约 0.85 倍音速，最大升限 13700 米。

51 >> "哨兵"（Sentry）

　　"哨兵"无人系统是由 DRS 公司开发生产的一种轻型无人作战飞行器，由螺旋桨推进器驱动，可配备小型的"长钉"导弹（由加州中国湖公司开发的轻型导弹，而非以色列的反坦克导弹）。飞行器主翼和机身下有四个挂载点，每个挂载点可担负 11.34 千克重量（全机负载能力小于 45.36 千克）。DRS 公司称，该飞行器采用模块化设计和制造技术，使用时可以很方便地进行拆装和改装升级。

"哨兵"性能参数

　　翼展 1.9 米、机身长 2.57 米，起飞重量 150 千克（负载 35 千克），续航时间约 6 小时，实用升限 3050 米，动力装置采用 1 台 28 马力的 2 冲程活塞内燃引擎。

"哨兵 HP"型飞行器，其翼下挂载着微型火箭。（美国海军）

52 >> "寂静眼"（Slient Eye）

　　"寂静眼"无人系统由雷声公司开发，这是一种滑翔空中发射的无人飞行器，由雷声公司早期开发的微型滑翔机飞行器演化而来。微型滑翔机是雷声公司 1999 年 4 月在空军资助下完成的项目，当时共制造了 8 架原型机，当年 9 月，微型滑翔机成功试飞，并在试验过程中将拍摄到的战场图像传输到附近的 RC–135 侦察机上。2002 年，空军

> **"寂静眼"性能参数**
>
> 　　翼展 0.7 米、机身长 0.5 米，全重 3 千克，滑翔速度 147～184 千米/时。

▼"寂静眼"无人机挂载于"掠食者"无人机的左翼，由"掠食者"无人机发射并控制。

构想将这种飞行器缩小，使其可由另一架大型的无人飞行器挂载并发射，这样在天气恶劣、载机传感器无法发挥作用时可将其发射，由后者抵近目标在低空进行侦察监视。该项目继续交由雷声公司开发和完善，经过两年的开发，2004 年新飞行器即"寂静眼"完成制造，并与"掠食者 B"型机搭配进行训练，试验发射定于 2004 年 5 月和 6 月进行，当时由"掠食者 B"搭载"寂静眼"在爱德华兹空军基地进行。试验中"寂静眼"获得的信息以"掠食者"为中继，传输到后方基地。除无人机可搭载外，一些大型飞机也可使用。当从 6100 米空中发射后，它可滑翔约 170 千米的距离。

53 >> "银狐"（Silver Fox）/ "蝠鲼"（Manta）

　　"银狐" 无人系统是由美国先进陶瓷（Advanced Ceramics）公司开发的微型飞行器，海军将其部署于驻伊拉克内河部队。2009 年中期，BAE 系统公司收购了先进陶瓷公司，该无人系统也转为 BAE 公司的产品。该飞行器可选配电动马达或汽油机为引擎，其研制过程获

▲ "银狐" 微型飞行器。（先进陶瓷公司）

"银狐" 飞行器性能参数

　　翼展（最大）2.39 米、机身长 1.47 米，全重 12 千克（最大负载 1.8 千克），最大升限 3660 米，实用使用高度 150 ~ 360 米，续航时间约 10 小时，巡航速度 130 千米 / 时，其最大航程为 290 千米（减少负载并预编飞行程序后）。

▶ "银狐" 无人机 CG 示意图。

得海军研究办公室和海军空中系统司令部的协助。飞行器采用常规飞行器布局：上单平直主翼、水平尾翼和单垂尾，螺旋桨推进器位于机体头部。它具有 8 ~ 10 小时续航时间，负载为 2.27 ~ 3.63 千克，具备自动起降功能。整套无人系统由 3 架飞行器和相应的地面设备组成。

　　"银狐"的开发始于 2001 年，当时是为满足海军为搜寻和监视鲸鱼的活动而开发，海军启动这样的项目在外人看来可能莫名其妙，实际上这是为了各类舰只在和平时期尽量少使用低频高能量的主动声呐来探测海下大型生物，比如鲸鱼，因为这些声呐发射的探测声波会对鲸鱼造成烦扰，致使后者经常做出反常的举动。而有了"银狐"这样的系统后，就能在发现鲸鱼在军舰附近活动时减少主动声呐的使用。"银狐"真正转为军用始于 2003 年，当年 1 月为了马上就要进行的伊拉克军事行动，陆战队请求海军办公室尽速提供一些微型飞行器用于战术侦察和监视用途。这样，数套该型系统交付给陆战队（第一批 6 架飞行器在两个月内交付），参与了 2003 年的"自由伊拉克"行动。当年，研制机构还改装出一种使用重油引擎并增大油箱储量的版本，其续航时间延长到 21.5 小时。由于战争急需，具有多飞行器飞行能力和自动控制巡航的地面控制站也开发出来。2004 年，一些"银狐"系统提供给加拿大国防部，而陆战队在解决了初期急需的使用后，也开始对其进行延长评估。到 2005 年，进一步改进的"银狐"Block 4 型问世，它能提供更长的续航时间，其机载数据链传输距离也增长到 32 千米，着陆方式也有所改变（采用腹部着陆）。在执行运输车队监视和警戒任务时，飞行器还可自动采用"护航监视"模式，在这种模式下，飞行器自动飞行在控制车辆的前方数百米外，其续航时间也高达 20 小时。2006 年"银狐"飞行器加装了采用惯性稳定的传感器万向节架，强化了飞行器在跟踪、监视目标时的稳定性，同时还升级了系统软件和重油引擎。

根据国防部 2009 年《无人系统路线图》中的资料，2010 年后计划为军方配备 17 套"银狐"系统（共 54 架飞行器）。

"蝠鲼"无人系统亦由先进陶瓷公司于 2002 年开发，其主要目的是研制一种比"银狐"飞行器具有更大负载能力的系统（与"银狐"飞行器改进后才具有 2.3 ~ 3.6 千克的负载能力相比，新飞行器可负载 6.8 ~ 8.2 千克）。"蝠鲼"飞行器也采用"银狐"的机身和机翼，但机翼方面作了重点改进，提升了机翼升力区域的面积，同时改进的还有其搭载的传感器。海军特种清理队（NSCT）正是由于"蝠鲼"可搭载超光谱成像及其他先进摄像机负载，而对其产生兴趣。在"自由伊拉克"行动期间，该小组担负了清理伊拉克乌姆卡斯尔（umm qasr）港口的任务，期间曾广泛使用过"银狐"飞行器，主要利用其探测港口水域的漂浮物。特种清理队希望借助"蝠鲼"系统更长的滞空时间和更强的监视能力，来取代"银狐"飞行器。

"蝠鲼"飞行器也采用模块化设计，具有多副主翼，使用者可根据

▼ "银狐" 无人机主要用于巡逻警戒以及反水雷作战。

任务需要（如滞空时间、搭载负载轻重）来选择相应的主翼，便于以最优化的配置执行任务。

54 >> "天空"系列(Sky Series)

　　"天空"系统无人系统是由代理航空系统公司（Proxy Aviation）开发的一系列无人飞行器（也可采用有人驾驶模式），它们分别是"天空力量"（Sky Force）、"天空入侵者"（Sky Raider）和"天空观察者"（Sky Watcher）。这三种飞行器都采用前置鸭翼配合主翼及后部尾翼的结构，动力为内燃引擎驱动的螺旋桨推进器。代理航空公司开发这三种飞行器主要是为验证其无人飞行器分布式管理系统（DMS），该系统支持飞行器的协作式飞行控制和自动起降功能。据该公司介绍，采用 DMS 系统后，单个地面控制管理设备可同时对 12 架飞行器进行控制，在少量其他地面控制设备的配合下，可同时控制的飞行器数量将进一步增加到 20 架。这三种飞行器的几何尺寸和性能都大同小异，只是飞行控制系统方面存在着差别。

▼"天空"无人机正视图。

"天空"性能参数

　　翼展 9.75 米、机身长 6.1 米，起飞重量 1814.37 千克（负载 149.69 ~ 453.59 千克），续航时间 20 ~ 30 小时，最大飞行速度（俯冲）322 千米/时、巡航速度 202.6 千米/时，任务半径约 184 千米，最大升限为 7315 米，动力装置采用 1 台 250 马力的莱康明内燃引擎。其中，"天空观察者"的起飞重量较小，只有 1315.42 千克（负载 149.69 ~ 294.83 千克），续航时间也只有 8 ~ 15 小时，但其机体尺寸仍和另两种相同。

55 >> "天空之眼"（Sky Eye）

"天空之眼"无人系统目前是 BAE 系统公司的产品，其多种型号 R4E–30、40、50 和 100 都采用常规机体布局，上单翼（主翼略后掠）、双尾撑、双垂直尾翼，螺旋桨推进器由活塞式引擎驱动，位于机体后侧尾翼前部。该飞行器最初由美国发展科学公司（Developmental Sciences Corp）于 1980 年开发，后来，该公司成为利尔航天（Lear Astronics）公司的一部分，而后者之后又被 BAE 公司兼并。1981 年，美国陆军曾评估利用 R4E–30 携带无控火箭作为战场支援无人飞行器。次年，美国向泰国皇家空军提供了一个中队的"天空之眼"（6 架飞行器）。之后 R4E–40 飞行器问世，它换装了功率更大

▶ "天空之眼" R4E–50 飞行器，在 1990 年时它还是一种新型的短程无人飞行器。

的引擎，机内油料储量也增加了。1984—1986 年，美国陆军中央司令部采购过该无人机，用于监视中美洲尼加拉瓜和洪都拉斯边境。这些飞行器配备有昼间电视摄像机、前视红外成像仪、低光全景相机等负载，从美国驻洪都拉斯的基地起飞，沿两国边境飞行，监视走私和毒品交易。1986 年，R4E-50 飞行器试飞，加装了 GPS 导航仪，能搭载更重的负载。1988 年，该机型开始大规模生产，并出口到多个国家，包括埃及（48 架飞行器）、摩洛哥等国，用于战场监视和侦察。1989年，当时的麦道公司以 R4E-50 为基础，开发出一种改进型号，称为"天空猫头鹰"（Sky Owl），该飞行器于 1991 年首飞，主要用于陆

"天空之眼" R4E-50 性能参数

　　翼展 7.3 米、机身长 4.1 米，全重 566 千克，续航时间超过 12 小时，巡航速度202 千米 / 时，实用升限 4880 米，动力装置采用 1 台 98 马力的活塞引擎。

▲ "天眼"无人机正在低空执行监视和侦察任务。

军和海军的短程无人侦察飞行器的竞标，但后来被"猎手"飞行器击败。军方的 PQM-149 和 150 两个编号，估计当初准备分配给这两种竞标的飞行器的，但后来这两个编号都未使用（"猎手"飞行器使用了 BQM-155 的编号）。

"天空之眼"飞行器也用于农业领域，比如对作物进行喷洒作业。

56 >> "空中山猫"（Sky Lynx II）

　　BAE 最初为达到海军和陆战队的小型战术无人空中系统（STUAS）中"蒂尔 II"飞行器的性能需求，开发了"空中山猫"无人系统。2006年 8 月，该机在陆军犹马试验场完成试验。飞行器采用传统机体结构布局，双尾撑，由一具螺旋桨推进器驱动。

"空中山猫"无人系统性能参数

　　翼展 5.6 米、机身长 4.24 米，起飞重量 149.69 千克（负载 31.75 千克、空重 93 千克），续航时间约 16 小时，任务半径 221 千米，飞行速度 83 ~ 202 千米 / 时，实用升限 5500 米，动力装置采用一台 38 马力的 AR751 引擎。

▼"空中山猫"（Sky Lynx II）。

57 >> SL-UAV["丛林狼" (Coyote) / "探秘者" (Voyeur)]

2004 年，美国海军研究办公室公布一项开发计划，需要研制一种由声呐浮标发射的小型无人飞行器，即 SL-UAV（SL 意即声呐浮标发射）。办公室构想一种可供消耗的（价格要低廉）飞行器，可由 P-3 系列反潜机或其他海上预警机携带和投掷使用，SL-UAV 就是在这种背景下开发出来的。据估计，这可能是由于受到在伊拉克和阿富汗利用 P-3 巡逻机进行侦察监视的启发。项目开发由海军空中系统司令部具体负责，飞行器的尺寸和重量受声

"丛林狼"声呐浮标发射无人系统，图中左侧圆筒即为装载容器。（先进陶瓷公司）

"丛林狼"性能参数

翼展 1.47 米、机身长 0.79 米，全重 6.4 千克，最大升限 6100 米（通常任务飞行高度 150 ~ 360 米），飞行器指挥控制范围为 37 千米，续航时间约 1.5 小时，最大飞行速度约 148 千米/时、巡航速度 100 千米/时，动力装置采用 1 部由电动马达驱动的螺旋桨推进器。

呐浮标最大重量（17.69千克）及其降落伞的限制。使用时，飞行器由声呐浮标中弹出，在空中利用降落伞缓慢下降，下降过程中飞行器原本折叠起的推进器叶片、主翼和尾翼相继展开，接着引擎自动点火抛离降落伞，机体飞行控制系统开始运转，完成升空。为配合这种一次性消耗飞行器，海军还开发了低成本可消耗的网络数据链系统供飞行器使用，使其能将获取的信息传输至发射平台。现有的几种小型飞行器适用数据链因成本、体积以及加密能力等方面的因素无法应用到SL-UAV上，因此海军要开发的数据链除了成本要低外，还要能与发射平台双向传输数据，传输距离要达到36.8千米（最终传输距离须达到92千米）。同时，为了提高探测效率，尽可能同时探测较宽阔的区域，设计要求每架发射飞机要同时操作6架SL-UAV。

项目初期阶段，P-3飞机将为SL-UAV提供集中化的控制和数据处理功能；之后，在近中期，类似功能将扩展到其他大型飞机和平台上；而远景目标（5年以后）则是所有发射出的SL-UAV要能互相通信，如此它们便可在空中构成具有广域侦察探测能力的集群，也即是说，这样一个多个飞行器构成的集群将无须外部对其中具体某个飞行器进行控制，它们将具有相当的智能化作业能力。根据设想，SL-UAV飞行器最大升限须达到7620米（在这一高度操作时，SL-UAV发射后可以再次回收），航程应达到92千米，续航时间为1.5小时。SL-UAV在执行侦察监视任务时典型的飞行高度在90 ~ 150米，在这一高度上它们将探测各类船只，判断其敌我性质（此高度下才能提供足够高分辨率的可判断船只是否携带武器的图片、视频）。此外，飞行器的传感器负载也须具备多种备选光电、红外或合成孔径雷达等。

第一种 SL-UAV 备选机型是先进陶瓷公司的"丛林狼",它采用传统飞行器结构和布局,但其主翼有一前一后两对、双垂直尾翼,由一部螺旋桨推进器驱动,传感器安装在机鼻透明的整流罩内。在投放前,既可由载机飞行员预先规划其飞行计划,也可由专职操控人员通过载机声呐浮标操纵界面对其进行控制。

海军研究办公室原计划于 2006 年春进行载机投放声呐浮标并发射的试验,但由于开发进度拖延,到 2008 年第三季度才进行了实用试验。2009 年,BAE 公司收购了先进陶瓷公司,该项目亦全部转由 BAE 公司继续进行。

海军空中系统司令部还选择了莱特机器(Lite Machines)公司的"探秘者"(Voyeur)作为备选机型。与"丛林狼"不同,"探秘者"是一种微型直升式飞行器,主旋翼可折叠,展开后直径为 76.2 厘米;整个飞行器重 1.36 千克,机身长 0.69 米。采用旋翼式飞行模式使其具备

▼"丛林狼"无人机静态展示图。

在水面悬停的能力，飞行器也采用电动马达引擎，可爬升到 2130 米。随着项目的展开，军方发现利用声呐浮标弹射发射飞行器较为困难，项目最终改为由发射筒来发射。2008 年，海军对改由发射筒发射的 SL-UAV 飞行器进行了试验，其续航时间达到 30 分钟，速度为 55 千米 / 时；当年夏，莱特机器公司接到海军 1000 万美元的合同，进行该项目第三阶段的、名称也改为"声呐管状发射无人飞行器"的后续开发，这意味着海军已比较倾向于莱特公司开发的"探秘者"飞行器。

2008 年，海军提及了第三种 SL-UAV 飞行器的备选方案，它由 L3 公司开发，但具体型号不详。

此外，采用类似概念的还有陆军航空兵应用技术委员会于 2004 年提出的利用 M260 火箭炮发射的无翼直升飞行器，它与俄罗斯合金精密仪表（Splav）设计局设计的 R-90 型多管火箭炮发射无人机更为相似，但到 2005 年，该项目的开发就慢了下来。

58 >> "追捕者" (Stalker)

　　"追捕者"无人系统由洛克希德·马丁公司臭鼬工厂开发，2007年这款微型手持投掷发射的无人飞行器参与了在华盛顿举行的展览。据开发公司称，该系统已进入小批量试生产阶段，但其具体的军方用户因安全原因并未透露，最有可能的是特种作战司令部，用于更换原有"大鸦"系统。"追捕者"的开发始于2006年，当年中期飞行器进行了首次

> **"追捕者"性能参数**
>
> 　　翼展3米、全重6.4千克（负载1.4千克），最大升限4500米（使用飞行高度约130米），续航时间约2小时。

▼"追捕者"无人机正在执行巡逻任务。

飞行。根据公司的介绍，飞行器重 6.4 千克，比大多数手持发射飞行器都要重，其搭载的传感器组装配在机首的两轴转向架塔上。由于采用模块化设计和制造，飞行器的重要功能组件（如传感器组、机翼、引擎等）具备"即用即插"的能力。飞行器起飞采用手持抛掷，着陆时其机首传感器塔架缩回机体内，飞行器凭借其腹部摩擦着陆。"追捕者"飞行器采用常规飞行器箱式机身及桁架尾翼结构和布局，上单翼、电动马达驱动的螺旋桨推进器位于机首。值得一提的是，飞行器引擎采用静音马达，螺旋桨推进器也经过特别设计和处理，飞行时噪音极低。

59 >> "魔爪"轻型攻击和监视直升飞行器（Talon Lash）

"魔爪"飞行器是由全球航空监视公司开发的轻型攻击和监视无人直升飞行器（LASH），计划主要用于空中监视、攻击以及侦查等任务，目前还处在测试和试用阶段，并没有大规模列装美军。

"魔爪"性能参数

飞行器最大负载约 362.87 千克（空载约 353.80 千克）。采用单主旋翼加尾部副扭转旋翼的常规直升飞行器结构，主旋翼直径约 7.62 米、机身长约 6.7 米，续航时间 6~8 小时，最大飞行速度 210 千米／时、巡航速度 177 千米／时，最大升限为 4570 米。

60 >> "燕鸥"（Tern）/XPV-1

　　"燕鸥"无人机是由 BAI 公司开发的微型无人系统，20 世纪 90 年代末，该无人系统被美国军方所采用，用于搜索、监视等用途。后来陆军为其加配光纤制导设备后，将其改装成用于替代光纤制导导弹的一次性飞行器。2001 年，"燕鸥"被改装为 XPV-1 型战术无人飞行器，主要用于特种作战。据称，美国军方累计共采用过 65 套各类"燕鸥"系列飞行器。"燕鸥"（TERN）意即"战术损耗型远程遥控导航器"，这表明该飞行器价格需尽量低廉，便于补充和消耗，也便于平时训练使用；而"XPV"意即"可损耗负载飞行器"。2001 年，海军第 6 舰队曾在阿拉伯海针对阿富汗的军事行动中使用过"燕鸥"飞行器，主要用于无人值守侦察监视用途。

▶ "燕鸥"无人机正准备起飞。

"燕鸥"飞行器性能参数

　　翼展 3.45 米、机身长 2.71 米，全重 59 千克，最大升限 3050 米，航程约 74 千米，续航时间约 4 小时，最大飞行速度 125 千米 / 时、巡航速度 84 千米 / 时，其动力装置采用 1 台 12 马力的活塞式引擎。

61 >> "虎鲨"(Tiger Shark)/ "狐车" (FoxCar)

"虎鲨"飞行器由勃兰登堡工具（BTC）公司开发，采用传统布局，单发、上单翼、双尾撑结构，最初专门为特种作战司令部开发。由于战事急需，该飞行器从概念设计到样机试制和定型只用了不到 60 天时间，于 2002—2005 年间交付部队（据称于 2004 年交付）。该飞行器除了特种作战司令部采用外，还有不少提供给纳夫玛应用科学公司，由其用于无人机演示试验用途。在"虎鲨"飞行器之后，BTC 公司还开发过一款以其为比例原型的更大的飞行器——"狐车"。BTC 公司原计划用"狐车"飞行器竞标特种作战司令部的飞行器采购项目，但败给了 L3 公司的"海盗 400"无人系统。"狐车"飞行器采用了"虎鲨"的机身、主翼、尾撑和尾翼等主要部分的结构，但比例和尺寸都更大，其主翼翼展为 6.4 米，续航时间为 9.5 小时，负载约为 45.4 千克。

"虎鲨"飞行器性能参数

　　翼展 5.33 米、机身长 4.72 米，全重 136 千克（负载 22.7 千克），续航时间约 10 小时，巡航速度为 120 千米 / 时，动力装置采用 1 台 13 马力的活塞式内燃引擎。

▲"虎鲨 2"无人机正在美国某空军基地进行训练。

62 >> "警戒者"（Vigilante 502）

　　"警戒者"飞行器由科学应用国际（SAIC）公司开发，是一种无人直升飞行器。美国陆军曾采购该飞行器用于试验和评估，2005 年初在犹马试验场利用其搭载 2.75 英寸制导火箭进行打靶试验。

▶ "警戒者" 无人机正在空中进行悬停试验。

"警戒者" 性能参数

　　主旋翼直径约 7 米、机身长 6.07 米，起飞重量为 498.95 千克（负载 104.33 千克，空重 294.83 千克），续航时间约 7 小时，任务半径为 390 千米，最大飞行速度（俯冲）215 千米/时、巡航速度 92 千米/时，实用升限 3660 米，动力装置采用 1 台 115 马力的罗塔克斯（Rotax）914 汽油引擎。

63 >> "海盗400"（Viking）

"海盗 400" 飞行器由日内瓦航空公司（现为 L3 通信公司下属子公司）开发。2009 年 9 月，特种作战司令部与 L3 公司签订了一份为期 5 年的开发合同，未来美国特种作战力量的远征型无人飞行器将采购这种全部由复合材料制成的飞行器。自 L3 公司收购日内瓦航空公司后，凭借

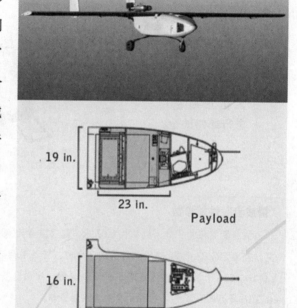

19 in.

23 in.

Payload

16 in.

▶ "海盗 400" 型无人飞行器。（L3 通信公司）

"海盗 400" 飞行器性能参数

翼展 6.1 米、机身长 4.5 米，起飞重量 240.40 千克（负载 34.02 ～ 45.36 千克），续航时间 8 ～ 12 小时，航程超过 130 千米，飞行速度 110~166 千米 / 时。

着后者开发的"海盗400"飞行器进入了军用无人系统市场，在其公司产品定位中，将"海盗400"看做陆军"阴影"无人机和"掠食者"无人机的过渡型机种。L3公司将其视为负载45.36千克军用无人机市场的敲门砖，而特种作战司令部显然更喜欢该飞行器模块化的结构，这使其非常容易拆装，比如，数名操作者可在几分钟内将其拆卸并打包，一架C-130运输机一次可装载6架拆卸后的飞行器和2部地面控制设备。此外，特种作战司令部也要求飞行器具备良好的静音性能，"海盗400"飞行器采用了大量降噪技术和措施，其螺旋桨推进器是经过特别设计的慢速低噪声叶片。

为便于特种力量在敌后使用，它可分解成部件进行输送，在使用前进行装配和安装，而且飞行器的起降部分也经过特别强化，可在未经准备的低等级机场或公路上起降。飞行器采用常规机身、双尾撑结构，动力装置由1台38马力的活塞式引擎驱动螺旋桨推进器。飞行控制系统采用GPS导航，具有路径点导航控制模式，可在飞行前或飞行过程中进行更新。其负载包括可见光相机、红外成像设备、信号情报和电子情报的收集分析、核生化探测设备以及激光雷达等，特别是后者具备穿透地面植物伪装和遮障的侦察能力。飞行器的所有传感器都搭载在机鼻处的传感器舱及其下方的传感器旋转架上，根据生产商的介绍，其传感器组具有自动对准并跟踪其所探测到的目标的功能。

除了"海盗400"无人系统外，L3公司后来还开发了负载为45.36千克的"海盗100"以及负载为136.08千克的"海盗300"无人系统。这一系统的飞行器结构和配置都大同小异，差异仅在负载拦截能力上。

64 >> "黄蜂"（Wasp）/BATMAV

"黄蜂"飞行器是由航空环境公司较早开发的微型无人飞行器，研制项目由 DARPA 资助和管理。20 世纪 90 年代电子信息系统的成熟，使电子设备及动力系统的小型化成为可能，为了开发出比现有飞行器更小型化的系统，DARPA 资助了一系列小型无人机开发项目，"黄蜂"无人系统正是这样诞生的。该项目于 1998 年正式启动，其原型基于DARPA 早期秘密的"黑寡妇"（Black Widow）计划。"黄蜂"飞行器可搭载两台微型摄像机，续航时间为 60 分钟（在试验时曾达到 107 分钟），航程约 3.7 千米。为尽可能设计出足够的机上空间，其电动马达的电池电源被集成到主翼上。2007 年 11 月，陆战队定购了一批"黄蜂"飞行器（最终采购了 21 套系统，每套 4 架飞行器），作为较大型的"大鸦B"飞行器的补充。

"黄蜂"飞行器有几种版本，其中 Block I 型是发展型，其翼展为30.5 厘米；Block II 型的全重较重，主翼比原型机长，引擎也换装了功

"黄蜂" Block II 型飞行器性能参数

翼展 41 厘米（也有资料称 35 厘米）、机身长 15 厘米，全重 275 克，续航时间40 ~ 60 分钟，航程 4 千米，飞行速度为 40 ~ 60 千米 / 时。

Block III 型飞行器性能参数

翼展 72 厘米、机身长 38 厘米，全重 430 克，续航时间约 45 分钟，航程 5 千米，飞行速度为 40 ~ 64 千米 / 时。

▶"黄蜂"飞行器采用手持弹射器发射,并且在发射时,须倒置飞行器。(美国海军)

率更大的马达;Block III 的翼展进一步增长到 72 厘米,负载也增加了一部前视红外传感器。"黄蜂"飞行器执行任务时,既可由机上控制系统自动控制飞行,也可由操作人员利用航空环境公司开发的标准地面设备手动操纵,同时此地面控制设备也可控制该公司生产的其他微型飞行器,如"大鸦"系列飞行器。

2006 年,美国空军采用"黄蜂 III"飞行器作为其战场空中目标指示微型无人机(BATMAV)。2008 年 1 月,空军开始订购 314 套系统,陆军也随后采购了 100 套系统用于评估和试验。陆战队在评估和试验了"黄蜂"系统后,将其描述为"大鸦"的 1/3 缩减版,因其尺寸较前者大为减少。陆战队将其作为排级分队的无人系统("大鸦"用于配备营级部队)。此外,特种作战司令部也采用"黄蜂"系统作为其背包无人机。根据国防部 2009 年《无人系统路线图》资料显示,特种作战司令部准备为其每个任务小组都配备一架"黄蜂"无人机,总计至少需 200 余架飞行器。空军特种作战司令部也想采购这种飞行器用于其任务部队的战场态势感知。

65 >> WBBL-UAV "猫头鹰"（Owl）/"图瑞斯"（Turais）

　　WBBL-UAV，意即"翼下／弹舱发射无人飞行器"，该项目由海军最初提出概念，之后与皮亚斯基（Piasecki）航空公司和敏锐技术（Acuity Tech）公司签订了概念项目研制合同。根据军方需求，前者提

"猫头鹰"性能参数

　　翼展 4.18 米、机身长 2.26 米，全重 186.43 千克（负载 90.72 千克，空重 68.04 千克），可携带 10 枚声呐浮标，续航时间约 8 小时，最大飞行速度约 368 千米／时，航程达 1290 千米，动力装置为 1 台 36 马力的涵道风扇引擎。

"图瑞斯"飞行器作战使用时展开概念图。（皮亚斯基航空公司）

出了"图瑞斯"系统，后者则提供了"猫头鹰"（AT-3）飞行器。海军要求，这两类飞行器的重量须达到 453.69 千克，可搭载多种负载（包括 10 枚声呐浮标或其他传感器），续航时间达到 8 小时，具备从空中发射后返回指定地面机场降落回收的性能。其中，"图瑞斯"飞行器由涡轮喷气引擎驱动，机体主翼采用剪形翼设计，除可在地面降落回收外，还可通过降落伞在水面回收。海军计划 WBBL-UAV 项目第二阶段将由两家公司分别制造出全尺寸的原型机，据称"图瑞斯"飞行器已于 2009 年中期进行了试验飞行。

▲ "猫头鹰"飞行器。